D.B.Info

기계요소이론

기계요소설계분야 컴퓨터응용가공산업기사 최근기출문제수록

문두수, 전형운 공저

머리말

기계는 많은 부품들로 구성되어 있으며 분해하면 공통적으로 사용되는 부품을 많이 볼 수 있다. 이와 같이 여러 가지 기계에 사용되는 비교적 간단한 기계 구성 부품들을 기계요소라고 한다.

기계설계자 또는 제작자는 이들 기계요소 부품들에 대한 충분한 지식을 갖고 기계의 목적에 맞추어 요소 부품을 설계, 제작하거나 활용할 수 있어야 할 것이다.

특히 기계설계 분야는 국내산업의 발달과 더불어 공업발전의 원동력이 되고 있으며 공업이 발전할 수 록 앞으로 더 많은 기술 인력과 우수한 기술자가 필요로 할 것으로 사료된다.

이에 본 교재는 기계요소설계 분야의 지식을 필요로 하는 학습자를 위하여 다음과 같은 특징으로 구성되었다.

1. 기계설계의 광범위한 지식 중에서 기본이라 할 기계요소설계 분야에 대한 최소한의 내용을 압축하여 다루었다.
2. 기계요소 설계를 처음 접하는 사람이 이해하기 쉽도록 체계적인 단원 분류 및 핵심적인 내용을 수록하였다.
3. 별책 부록에 단원별 컴퓨터 응용 가공 산업기사 기출문제를 수록하여 국가 기술 자격시험에 대비토록 하였다.
4. 이해도가 필요한 문제에 대하여 해설을 넣어 학습자가 쉽게 문제 해결을 할 수 있도록 하였다.

끝으로 기계요소설계에 대한 이론적 지식을 습득하여 산업현장에 실제로 적용할 수 있는 능력을 기르길 바라며 우리나라 기계공업 발전에 이바지 할 수 있도록 노력해 주길 바란다.

저 자

차례 Table of Contents

제1장 기계요소의 개요 ······ 7

제1절 기계요소의 기초 ······ 9

제2절 응력과 변형률 ······ 11

제2장 체결용 기계요소 ······ 19

제1절 나사, 볼트 및 너트 ······ 21

제2절 키, 코터 및 핀 ······ 34

제3절 리벳(rivet) ······ 41

제4절 용접(welding) ······ 45

제3장 축(shaft) 관계 기계요소 ······ 51

제1절 축(shaft) ······ 53

제2절 축이음(shaft joint or coupling) ······ 58

제3절 베어링(bearing) ······ 63

제4장 전동용 기계요소 ······ 71

제1절 기어(gear) ······ 73

제2절 감아 걸기 전동 ······ 87

제3절 마찰차(friction wheel) ······ 97

제5장 제어용 기계요소 ······ 101

제1절 스프링(spring) ······ 103

제2절 브레이크(brake) ······ 110

제6장 관(Pipe) 관계 기계요소 ······ 117

제1절 관(管) ······ 119

제2절 관 이음 ······ 124

제3절 밸브와 콕 ······ 126

최근 기출 문제 *기계요소설계 분야 컴퓨터응용가공산업기사 자격시험*

제1장 기계요소의 개요 ······ 133

제2장 체결용 기계요소 ······ 143

제3장 축(shaft) 관계 기계요소 ······ 164

제4장 전동용 기계요소 ······ 183

제5장 제어용 기계요소 ······ 199

제6장 관(Pipe) 관계 기계요소 ······ 210

기계요소설계

제 1 장

기계요소의 개요

제1절 기계요소의 기초
제2절 응력과 변형률

제 1 절 기계요소의 기초

1. 개요

기계는 많은 부품들로 구성되어 있으며 이 부품들 중에는 한 종류의 기계에만 한정 되게 사용되는 부품들도 있으나 볼트, 너트, 축, 베어링, 스프링 같은 부품들은 여러 기계에 같은 목적으로 공통적으로 사용되고 있다. 이와 같이 여러 가지 기계에 공통적으로 사용되는 비교적 간단한 기계 구성 부품을 기계요소(machine element)라 한다.

기계요소 설계자와 제작자는 각 요소에 관하여 어떠한 형식의 것이 있는지, 기능 또는 형상, 크기, 재료 등의 선정을 어떻게 고려하는지 등에 필요한 기초지식과 전문지식을 갖고 활용할 수 있어야 한다.

2. 기계요소의 종류

기계요소는 사용 기능에 따라 다음과 같이 분류할 수 있다.

① 결합용 기계요소 : 나사, 볼트, 너트, 키, 핀, 코터, 스플라인, 리벳 등

② 축계 기계요소 : 축, 축이음, 베어링(미끄럼, 구름) 등

③ 간접 전동기계요소 : 벨트, 로프, 체인 등

④ 직접 전동기계요소 : 마찰차, 기어 등

⑤ 제동 및 완충용 기계요소 : 브레이크, 스프링, 관성차(플라이휠) 등

⑥ 관용 기계요소 : 관, 관 이음쇠, 밸브와 콕 등

3. 국제단위계 (SI)

가. 기본 단위와 보조 단위

〈표1-1〉 SI 기본 단위와 보조 단위

구분	기본량	명칭	기호
기본단위	길이	미터	m
	질량	킬로그램	kg
	시간	초	s
	전류	암페어	A
	열역학적 온도	켈빈	K
	물질량	몰	mol
	광도	칸델라	cd
보조단위	평면각	라디안	rad
	입체각	스테라디안	sr

나. 기계설계에 사용되는 SI 단위

〈표1-2〉 기계설계에 사용되는 주요 조립 단위

기본량	SI 단위 기호
면적	m^2
체적	m^3
속도	m/s
가속도	m/s^2
각속도	rad/s
각 가속도	rad/s^2
진동수, 주파수	H_Z
회전속도	s^{-1}
밀도	kg/m^2
운동량	$kg \cdot m/s$
운동량의 모멘트 각 운동량	$kg \cdot m^2/s$
관성 모멘트	$kg \cdot m^2$
힘	N
힘의 모멘트	$N \cdot m$
압력	P_a
응력	$P_a(N/m^2)$
표면장력	N/m
에너지, 일	J
일률, 동력	W

제 2 절 응력과 변형률

1. 하중

기계나 구조물 또는 기계부분에 작용하는 외력을 하중(load)이라 한다.

가. 하중의 작용 상태에 따른 분류

(1) **인장 하중(tensile load)** : 재료의 축선 방향으로 늘어나게 하려는 하중이다.

(2) **압축 하중(compressive load)** : 재료의 축선 방향으로 재료를 누르는 하중이다.

(3) **전단 하중(shearing load)** : 재료를 종 방향으로 절단 되도록 가위로 자르려는 것과 같은 형태의 하중이다.

(4) **굽힘 하중(bending load)** : 재료를 구부려 휘어지게 하는 형태의 하중이다.

(5) **비틀림 하중(torsion load)** : 재료를 비트는 형태로 작용하는 하중이다.

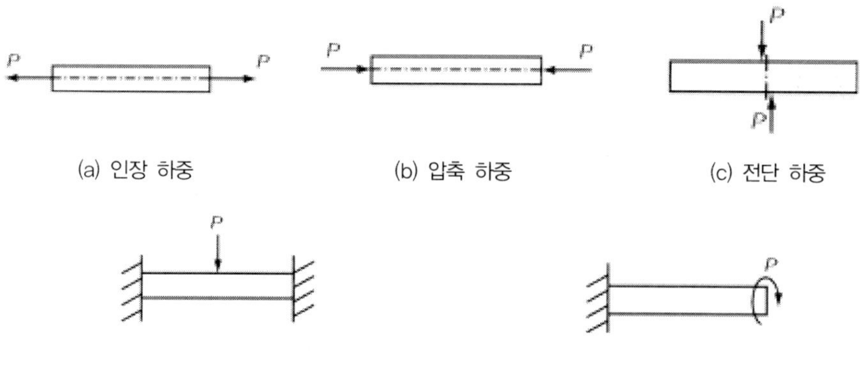

(a) 인장 하중 (b) 압축 하중 (c) 전단 하중

(d) 굽힘 하중 (e) 비틀림 하중

〈그림 1-1〉 하중 작용 상태에 따른 분류

나. 하중의 작용 속도에 따른 분류

(1) **정 하중(static load) :** 시간과 더불어 크기가 변화하지 않거나 무시할 수 있는 아주 작은 변화가 있는 하중을 말한다.

(2) **동 하중(dynamic load) :** 하중의 크기가 시간과 더불어 변화하는 하중으로 다음과 같이 분류한다.

① 교번 하중(alternate load) : 하중의 크기와 방향이 주기적으로 변화하는 하중이다.

② 반복 하중(repeated load) : 계속하여 반복 작용하는 하중으로서 진폭이 일정하고 주기가 규칙적인 하중이다.

③ 충격 하중(impulsive load) : 비교적 단시간에 충격적으로 작용하는 하중이다.

다. 하중의 분포 상태에 따른 분류

(1) **집중 하중(concentrated load) :** 재료의 한 점에 집중하여 작용하는 하중이다.

(2) **분포 하중(distributed load) :** 물체의 전체면 또는 어느 부분에 넓게 작용하는 하중으로 하중의 분포 상태에 따라 균일분포하중과 불균일 분포 하중이 있다.

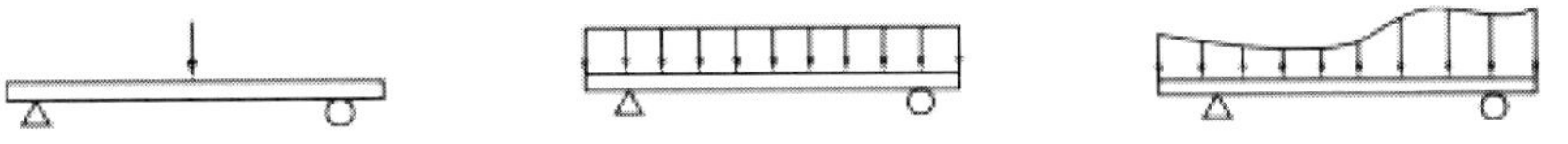

(a) 집중 하중 (b) 균일 분포 하중 (c) 불균일 분포 하중

〈그림 1-2〉 하중의 분포 상태에 따른 분류

2. 응력

물체에 하중을 작용시키면 물체내부에는 이에 응하는 저항력이 발생하여 균형을 이루는데 이 저항력을 응력(stress)이라 한다. 보통 단위 면적당 힘의 크기로 나타내며, 단위는 kg/cm^2 kg/mm^2으로 표시한다.

가. 수직 응력(nomal stress)

물체에 인장하중이나 압축하중을 작용시키면 그 하중 방향에 대하여 직각인 단면에 수직으로 응력이 발생하게 되는데 이 응력을 수직응력이라 한다.

$$\sigma = \frac{W}{A}(kg/mm^2)$$

여기서 W: 하중(kg), A : 단면적(mm^2)

나. 전단 응력(shearing stress)

가위로 물체를 자르거나 전단기로 철판을 절단할 때와 같이, 재료에 전단하중을 작용 시켰을 때 생기는 응력을 전단 응력 또는 접선응력이라 한다.

$$\tau = \frac{W_s}{A}(kg/mm^2)$$

여기서 W_s: 전단하중(kg), A : 단면적(mm^2)

다. 경사 응력(inclined stress)

물체의 수직 단면에 대하여 θ만큼 경사진 단면에 대하여 발생하는 응력을 말한다.

$$\sigma = \frac{W}{A_o}(kg/mm^2)$$

여기서 W: 하중(kg), A_o: 수직 단면의 면적(mm^2)

3. 변형률(strain)

재료에 하중이 작용하면 그 내부에서는 응력이 발생하며 외적으로는 변형이 나타난다. 이 변형량과 원 치수와의 비를 변형률이라 한다.

가. 세로 변형률

외력을 받아 세로 방향으로 변형 되었을 때의 변형률로 인장 변형과 압축 변형이 있다.

(a) 인장변형　　(b) 압축 변형

〈그림 1-3〉 세로 변형률

$$\epsilon = \frac{l' - l}{l} = \frac{\lambda}{l}$$

여기서 ϵ : 변형률, l : 재료의 처음 길이, l' : 재료의 나중길이(mm)

나. 가로 변형률

물체가 외력을 받아 변형되면 세로방향으로 변형되면서 동시에 가로 방향으로 변형된다.

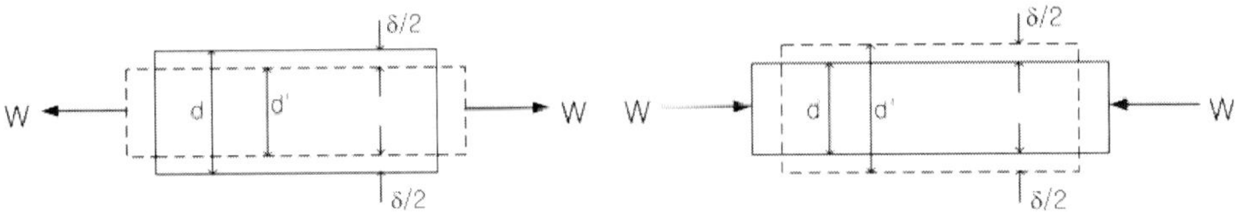

〈그림 1-4〉 가로 변형률

$$\epsilon' = \frac{d' - d}{d} = \frac{\delta}{d}$$

여기서 δ : 지름의 변화량, d : 재료의 처음 지름(mm)
d' : 재료의 나중 지름(mm)

다. 전단 변형률

전단변형이 발생했을 때 원래 높이와 접선 변형량의 비를 말한다.

$$\gamma = \frac{\lambda_s}{l} = \tan\phi = \phi\,(rad)$$

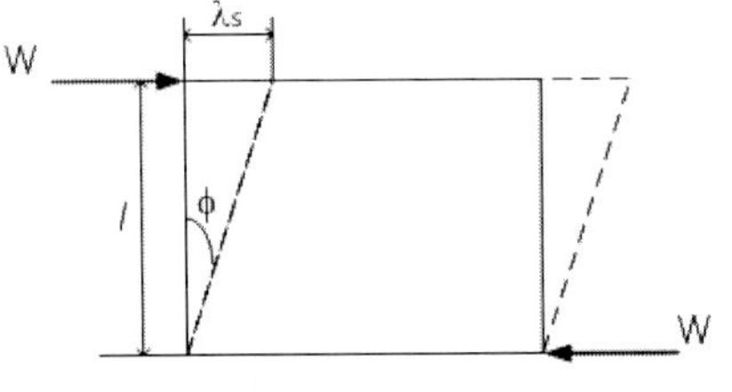

〈그림 1-5〉 전단 변형률

4. 훅의 법칙과 프와송의 비

가. 훅의 법칙

재료의 비례한도 내에서 응력과 변형률은 비례한다. 이것을 훅의 법칙(Hooke's law)이라 하며 응력 = 비례상수×변형률로 표시된다. 여기서 비례상수를 탄성률(modulus of elasticity)이라고도 하며 재료에 따라 각각 일정한 값을 갖는다.

(1) 세로 탄성률

인장 또는 압축하중을 받는 경우 수직응력 σ와 그 방향의 세로변형률 ϵ과의 비를 세로 탄성률 또는 영률(Young's modulus) 이라하며 E로 표시한다.

$$E = \frac{\sigma}{\epsilon}$$

강의 E는 $2.1 \times 10^4\ kg/mm^2$이다. 길이 l, 단면적 A인 재료에 축 방향 하중 W를 가했을 때 변형 량을 λ라 하면

$$\sigma = \frac{W}{A}, \quad \epsilon = \frac{\lambda}{l}, \quad E = \frac{\sigma}{\epsilon} = \frac{Wl}{A\lambda}$$

$$\therefore \lambda = \frac{Wl}{AE}$$

나. 프와송의 비

재료에 압축하중과 인장하중이 작용할 때 생기는 가로 변형률과 세로 변형률의 비는 탄성한도 내에서 일정한 값을 갖는다. 이 비를 프와송의 비(Poisson's ratio)라 하며, $\frac{1}{m}$로 나타낸다. 수직응력이 발생할 때 세로 변형률을 ϵ, 가로 변형률을 ϵ'라 하면

$$\mu = \frac{1}{m} = \frac{\text{가로변형률}}{\text{세로변형률}} = \frac{\epsilon'}{\epsilon}$$

다. 응력- 변형률선도

재료의 인장시험 결과 얻어진 재료에 응력과 변형률의 관계를 선도로 나타낸 것이 응력 변형률 선도(stress strain diagram)이다.

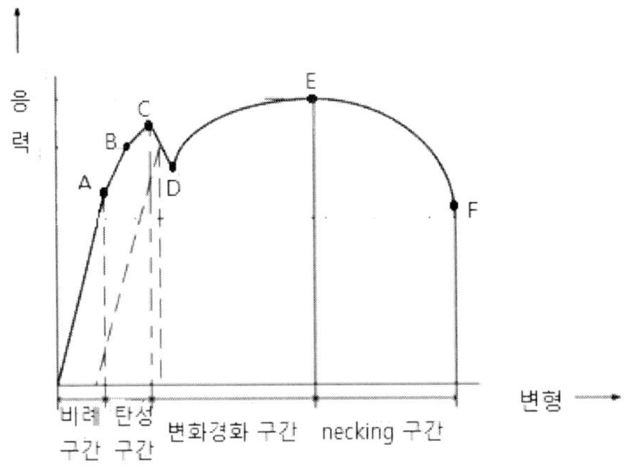

〈그림 1-6〉 응력-변형률 선도

(1) **비례 한도(A점)** : 응력과 변형률이 비례적으로 증감하는 부분이다.

(2) **탄성 한도(B점)** : 응력을 서서히 제거할 때, 변형이 없어지는 성질을 탄성(elasticity)이라 하며, 그 한계점에서의 응력을 탄성한도(elastic limit)라 한다.

(3) **항복 점(yield point)** : 응력을 증가 시키지 않아도 변형이 연속적으로 갑자기 커지는 상태의 응력을 말한다.(C; 상 항복점, D: 하 항복점)

(4) **극한 강도(ultimate strength)** : 재료가 견딜 수 있는 최대의 응력을 말한다.(E점)

(5) **파괴 강도(F점)** : 재료가 파괴 되는 점을 말한다.

5. 재료의 성질

가. 응력 집중(stress contration)

구멍, 노치(notch), 홈, 단이 있는 경우와 충격하중 때문에 국부적으로 재료에 큰 응력이 발생한다. 이러한 현상을 응력 집중이라 말한다.

응력 집중은 홈이 깊을수록, 둥근 재료의 곡률 반지름이 작을수록, 홈의 각도가 작을수록 값이 커진다.

(1) 응력 집중 계수

$$\sigma_k = \frac{\sigma_{max}}{\sigma_n}, \quad \sigma_k = \frac{\tau_{max}}{\tau_n}$$

여기서 τ_n, σ_n : 평균응력, τ_{max}, σ_{max} : 최대응력

나. 열 응력(thermal stress)

재료가 온도의 변화에 따라서 팽창 또는 수축하기 때문에 발생하는 응력을 말한다.

$$\sigma = E\epsilon = E\frac{\lambda}{l}$$

$$\therefore \sigma = E\alpha(t_2 - t_1)$$

여기서 E: 재료의 탄성계수, α: 선팽창계수, $(t_2 - t_1)$: 온도차

다. 허용응력과 안전율

(1) 허용 응력(allowable stress)

① 사용 응력(σ_w) : 기계 및 구조물을 사용할 때 실제로 각 부분에 생기는 응력을 사용응력이라 한다.

② 허용 응력(σ_a) : 재료의 안전성을 고려하여 안전할 것이라고 허용되는 최대응력을 허용응력이라 한다.

③ 극한 강도(σ_u) 와의 관계는 다음과 같다.

극한강도(σ_u) 〉 허용응력(σ_a) ≥ 사용응력(σ_w)

(2) 안전율(safety factor)

안전율이란 어떤 기계에 적용하는 재료의 설계상 허용 응력을 정하기 위한 계수로서, 이 기준강도(극한강도)와 허용 응력과의 비율을 안전율이라 한다.

$$S = \frac{\sigma_u(\text{극한강도})}{\sigma_a(\text{허용응력})}$$

라. 피로 한도(fatique limit)

피로 한도란 반복 하중을 연속적으로 받아도 파괴되지 않는 한계를 말한다.

① S-N곡선 : 피로 한도를 구하기 위하여 반복회수를 알아내는 곡선을 말한다.

② 강철의 응력 한도는 $10^6 \sim 10^7$ 정도이고, 경합금은 10^8 정도이다.

마. 크리프(creep)

① 온도가 350℃ 이상의 고온으로 되면 하중이 일정하더라도 시간이 지남에 따라 변형률이 조금씩 증가하는 현상을 크리프라 한다

② 일정한 온도에서 응력의 최대 값을 크리프 한도(creep limit)라고 한다. 재료의 온도가 용융점에 가까울수록 심하다.

기계요소설계

제2장

체결용 기계요소

제1절 나사, 볼트 및 너트
제2절 키, 코터 및 핀
제3절 리벳(rivet)
제4절 용접(welding)

제 1 절 나사, 볼트 및 너트

1. 나사(screw)

가. 나사의 원리

나사의 원리는 그림2-1에 나타낸 바와 같이 직각 삼각형을 원통으로 감았을 때 빗면 AC는 나선(helix line)을 나타내고, 이 선을 따라서 홈이나 돌기를 만든 것이 나사이다. 표면에 나사산이 있는 것을 수나사(male screw), 안쪽 면에 나사산이 있는 것을 암나사(female screw)라고 한다.

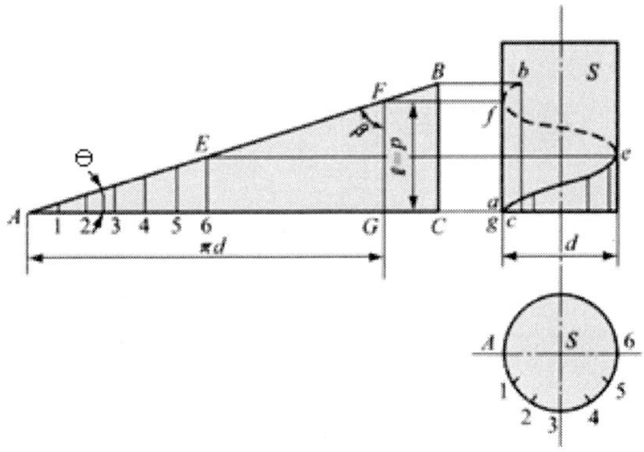

〈그림 2-1〉 나사의 원리

나. 나사 각부에 대한 명칭

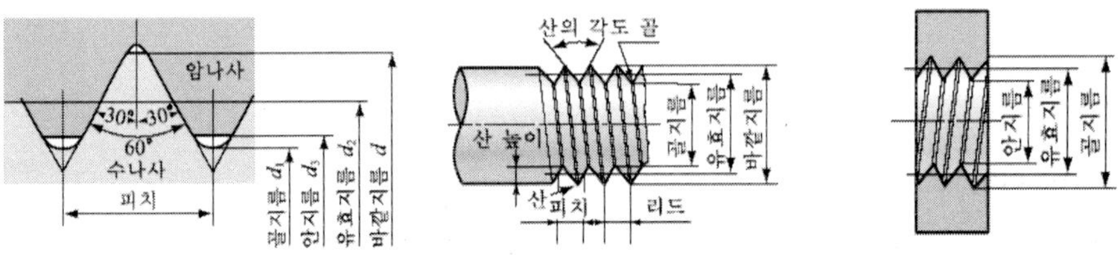

(a) 나사의 결합 상태 (b) 수나사 (c) 암나사

〈그림 2-2〉 나사 각 부의 명칭

(1) 리드(lead)

나사를 1회전시켰을 때 나사산의 1점이 축 방향으로 진행한 거리를 리드(lead)라고 한다.

$$\tan\theta = \frac{l}{\pi d}$$

여기서 θ: 리드각, l: 리드

(2) **피치(pitch)**

서로 인접한 나사산의 축 방향 거리를 피치(pitch)라고 한다.

$$l = n \cdot P$$

여기서 l: 리드, n: 나사의 줄 수, P: 피치

(3) **나사산** : 나사의 홈과 홈 사이의 높은 부분을 말한다.

(4) **나사 봉우리** : 나사산의 꼭지 면을 말한다.

(5) **나사 골** : 나사 홈의 밑 부분을 말한다.

(6) **플랭크 면** : 나사 봉우리와 골을 연결하는 나사면을 말한다.

(7) **바깥지름(d)** : 호칭 지름으로 수나사는 바깥지름으로 나타내고 암나사는 상대 수나사의 바깥지름으로 나타낸다.

(8) **골 지름(d_1)** : 수나사의 최소지름, 암나사의 최대지름을 나타낸다.

(9) **안지름** : 암나사의 최소지름, 수나사의 골 지름을 나타낸다.

(10) **유효 지름(d_2)** : 바깥지름(d)과 골 지름(d_1)의 평균지름으로 나타낸다.

$$d_2 = \frac{d + d_1}{2}$$

(11) **나사의 높이(h)** : 골밑에서 산의 끝까지를 축선에 직각으로 측정한 거리이다.

$$h = \frac{d - d_1}{2}$$

다. 나사의 분류

(1) **체결용(締結用) 나사**

체결용 나사는 나사산의 단면이 삼각형인 삼각나사이며, 가장 널리 사용되고 그 종류는 다음과 같다.

(가) 미터 나사(metric thread) : 나사산의 각도가 60°이며 지름과 피치를 mm로 표시하고 바깥지름으로 호칭 치수를 표시한다. 나사산의 산은 편평하고, 골은 둥글다.

① 미터 가는 나사 : 지름에 대한 피치의 비율이 보통나사 보다 가는 것으로 용도는 보통나사

보다 강도를 필요로 하는 곳, 살이 얇은 원통부, 정밀기계, 공작기계 및 항공기, 자동차의 이완 방지용에 쓰인다.

② 미터 보통나사 : 일반적으로 많이 사용되는 나사이며 M8이라면 바깥지름이 8mm를 의미한다.

(나) 유니파이 나사(unified thread) : 1948년 미국, 영국, 캐나다의 3국이 협정에 따라 제정한 인치 계열의 나사이며, ABC나사라고 부르며 바깥지름을 inch로 표시한 값과 1 inch 사이의 산수로 호칭 치수를 표시한다. 나사산의 각도는 60°이고 산은 편편하고 골은 둥글다.

(다) 휘트 워드 나사(whit worth thread) : 영국나사의 규격이고 인치나사로 나사산의 각도가 55°이고, 국내에서는 1971년에 폐기가 되어 현재는 사용되지 않는 나사다.

(라) 관용 나사(pipe thread) : 파이프를 연결하는데 사용되는 나사로 나사산의 각도가 55°이고, 나사산의 피치나 높이가 적어 관의 살 두께에 깊이 물리지 않는다. 관용 테이퍼 나사와 관용 평행나사(PF)가 있으며 관용 테이퍼나사(PT)의 테이퍼 1/16으로 규정되어 있으며 테이퍼 나사는 기밀이 요구되는 부분에서 사용한다.

(2) 동력 전달용 나사

(가) 사각 나사(square thread) : 나사산의 모양이 사각이며, 마찰저항이 적고 나사효율 이 좋다. 나사면의 마찰력이 적어 기계부품의 체결용으로는 부적합하나 나사를 돌리기 쉬우므로 운동 전달용 잭(jack)이나 나사 프레스(screw press)에서 사용한다.

(나) 사다리꼴 나사(trapezoidal thread or acme thread) : 애크미 나사 또는 제형 나사로고도 하며 제작이 쉽고 정밀도가 높으며, 마모에 의한 조정이 쉽다. 나사산의 각도는 미터계(TM)가 30°, 인치계(TW)가 29° 이다. 동력 전달용으로 사각 나사가 좋으나 제작이 어려우므로 일반적으로 사각나사 대신에 사다리꼴 나사를 사용한다.

(다) 톱니 나사(buttress thread) : 톱니나사는 나사산의 형상이 톱니 모양이며, 사각 나사에 삼각 나사의 장점을 적용한 것이다. 힘이 한쪽방향으로 작용하는데(젝, 프레스, 바이스용 나사) 사용된다.

(라) 둥근 나사(knuckle thread) : 둥근나사는 나사산과 골부분이 둥글게 되어 있어 먼지나 모래 등이 나사산에 들어 갈 염려가 있는 곳에서 사용한다.

(마) 볼 나사(ball thread) : 수나사와 암나사의 홈에 강구(steel ball)가 들어 있어서 일반나사보다 매우 마찰계수가 적고 운동 전달이 가볍기 때문에 NC공작기계나 자동차용 스테어링 장치에 쓰인다.

(바) 셀러 나사(seller tread) : 미국 표준나사로 나사 각은 60°이고 산마루의 골은 평평한 나사이다.

(사) ISO 나사(ISO thread) : 국제 표준화 기구(ISO) 에 의해 제정한 나사로 ISO 미터나사와 ISO 인치나사가 제정되어 있으며 점차 세계 공통의 나사로 채택되어 가는 나사이다.

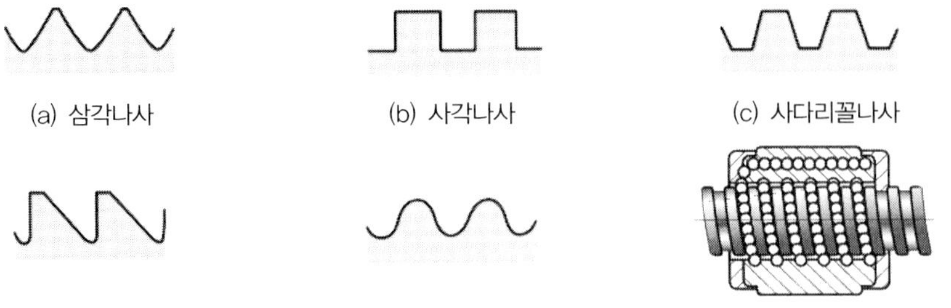

(a) 삼각나사 (b) 사각나사 (c) 사다리꼴나사
(d) 톱니나사 (e) 둥근나사 (f) 볼나사

〈그림 2-3〉 나사산의 모양에 따른 분류

라. 나사의 표시방법

종합적인 나사의 표시방법은 다음과 같다.

나사산의 감긴 방향	나사산의 줄 수	나사의 호칭	–	나사의 등급

(1) 나사의 감긴 방향

"왼", "오른" 등으로 왼나사와 오른 나사를 구분하여 표시하나 오른나사는 표시를 생략한다.

(2) 나사산의 줄 수

1줄, 2줄, 3줄 나사 등을 표시하는 것으로 1줄 나사는 표시를 생략한다.

(3) 나사의 호칭

나사의 호칭은 나사의 종류를 나타내는 기호, 나사의 지름을 나타내는 숫자 및 피치 또는 1인치(25.4mm) 사이의 나사산의 수로 표시한다.

(가) 미터나사의 경우

[종류를 표시하는 기호] [지름] × [피치]

예 ① M8 ‥‥ 미터 보통나사, 호칭지름 8mm
② M8×1 ‥‥ 미터 가는 나사, 호칭지름 8mm, 피치 1mm

(나) 휘트워드 나사의 경우

[종류를 표시하는 기호] [지름]

예 ① W1/2 ‥‥ 휘트워드 보통나사, 1/2 나사의 바깥지름 인치로 표시

② W1/2-12‥‥휘트워드 가는 나사, 12는 나사의 산 수

㈐ 유니 파이나사의 경우

[지름의 숫자나 기호] — [산의 수] [종류를 나타는 기호]

예 ① 1/4-16UNC : 유니파이 보통 나사, 호칭지름이 1/4인치이고, 1인치에 산의 수가 16산

② 1/4-36UNF : 유니파이 가는 나사, 호칭지름이 1/4인치이고, 1인치에 산의 수가 36산

⑷ 나사의 등급

종류	미터나사			유니파이 나사						관용나사	
				수나사용			암나사용				
등급	1급	2급	3급	3A급	2A급	1A급	3B급	2B급	1B급	A급	B급
표시법	1	2	3	3A	2A	1A	3B	2B	1B	A	B

나사의 정밀도는 피치, 유효지름, 나사산의 각도 등이 중요하며 이러한 치수의 정밀도와 다듬질 정도에 따라서 등급을 구분한다. 미터나사는 1급, 2급, 3급으로 나누고, 유니 파이나사의 수나사는 3A, 2A, 1A로 하고, 암나사는 3B, 2B, 1B로 구분한다. 나사의 호칭과 등급을 종합한 나사의 표시방법은 다음과 같다.

예 M50×3—2 : 미터 가는 나사 2급

2. 볼트(bolt)

볼트는 둥근 막대의 한 끝에 머리가 달린 수나사를 말하며, 너트는 구멍에 암나사를 깎는 것으로 볼트와 함께 사용한다. 그 형상은 볼트의 머리와 같은 6각형 또는 4각형으로 된 것이 많다.

가. 볼트의 종류

볼트의 종류에는 일반 부품의 결합이나 고정하는데 사용하는 일반 볼트와 특수 목적으로 사용하는 특수 볼트 및 작은 나사류가 있다.

(1) 일반 볼트

(가) **관통 볼트(through bolt)** : 관통된 양쪽 부품에 볼트를 넣고 너트를 조이는 것으로 가장 널리 이용된다.

(나) **탭 볼트(tap bolt)** : 탭 볼트는 관통을 시킬 수 없는 경우 한쪽에만 구멍을 뚫고 다른 한쪽에는 중간 정도까지 만 구멍을 뚫은 후 탭으로 나사산을 파고 볼트를 끼우는 것이다.

(다) **스터드 볼트(stud bolt)** : 환봉의 양 끝에 나사를 낸 것으로 기계부품에 한쪽 끝을 영구 결합시키고 너트를 풀어 기계를 분해하는데 쓰인다.

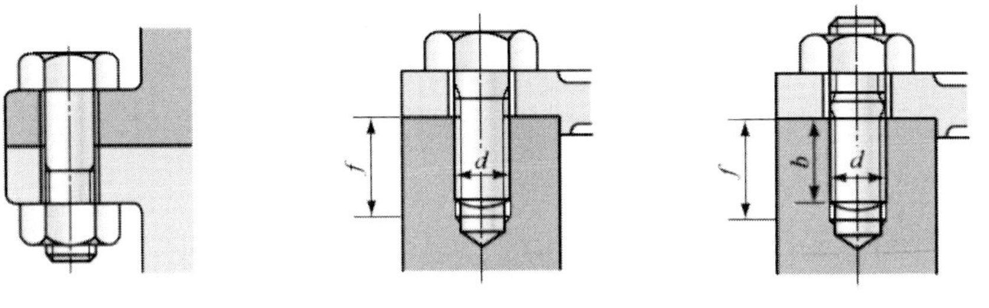

(a) 관통 볼트 (b) 탭 볼트 © 스터드 볼트

〈그림 2-4〉 일반용 볼트의 종류

(2) 특수 볼트

(가) **6각 볼트** : 일반적으로 널리 쓰이는 대표적인 볼트이다.

(나) **6각 구멍붙이 볼트** : 둥근 머리에 6각 홈을 파 놓은 것으로 볼트의 머시가 밖으로 나오지 않아야 하는 곳에 사용한다.

(다) **나비 볼트** : 손으로 쉽게 풀릴 수 있도록 한 볼트를 말한다.

(라) **기초 볼트(foundation bolt)** : 기계 등을 콘크리트 바닥에 고정, 설치하는데 이용되며 여러 형상의 볼트가 있다.

(마) **접시머리 볼트** : 볼트의 머리가 밖으로 나오지 않아야 하는 곳에 사용하며 홈 붙이 접시머리, 키 붙이 접시머리 볼트 등이 있다.

(바) **아이 볼트(eye bolt)** : 리프트 아이 볼트라고도 하며 물건을 들어 올릴 때 사용하는 것으로 둥근 가락지 모양의 볼트로 되어 있다.

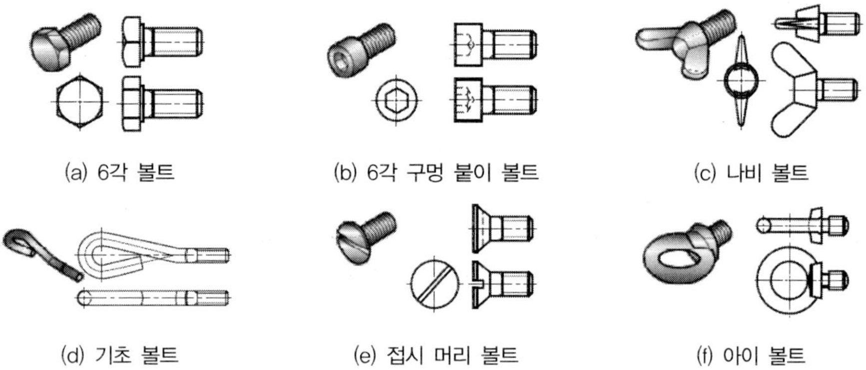

(a) 6각 볼트 (b) 6각 구멍 붙이 볼트 (c) 나비 볼트

(d) 기초 볼트 (e) 접시 머리 볼트 (f) 아이 볼트

〈그림 2-5〉 특수볼트

(3) 작은 나사 류

(가) **작은 나사(machine screw)** : 일명 기계나사, 태핑 나사라고도 하며 호칭지름 8mm 이하에서 사용된다.

(나) **멈춤 나사(set screw)** : 고정나사라고도 하며, 나사의 끝을 이용하여 바퀴 등을 고정하거나 풀림을 방지하는데 사용하는 작은 나사이다.

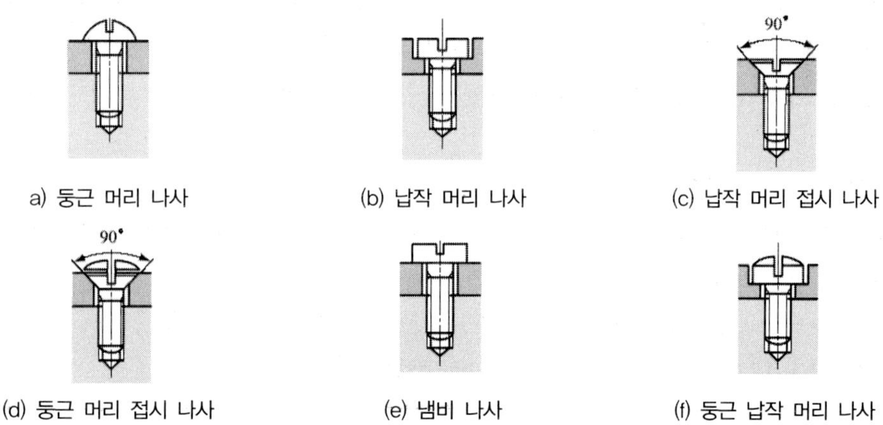

a) 둥근 머리 나사 (b) 납작 머리 나사 (c) 납작 머리 접시 나사

(d) 둥근 머리 접시 나사 (e) 냄비 나사 (f) 둥근 납작 머리 나사

〈그림 2-6〉 작은 나사의 종류

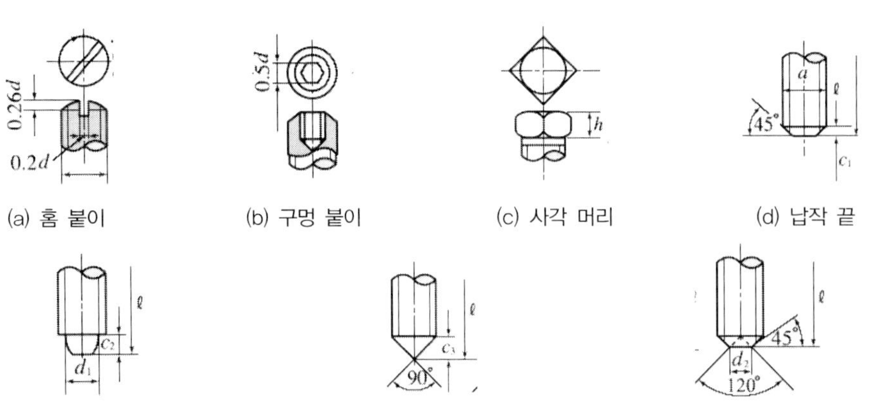

(a) 홈 붙이 (b) 구멍 붙이 (c) 사각 머리 (d) 납작 끝

(e) 막대 끝 (f) 뾰족 끝 (g) 오목 끝

〈그림 2-7〉 멈춤 나사의 종류

3. 너트(nut)

가. 너트의 종류

(1) **보통 너트** : 머리모양에 따라 4각, 6각, 8각이 있으며 6각이 가장 많이 쓰인다.

(2) **특수 너트**

(가) 와셔붙이 너트 : 너트의 밑면에 넓은 원형 플랜지가 붙어 있는 너트로 볼트구멍이 큰 경우 또는 물체와의 접촉 면적이 크게 함으로써 접촉압력을 작게 하려고 할 때 주로 사용한다.

(나) 캡 너트(cap nut) : 캡 너트는 나사의 부분에서 유체가 흘러나오는 것을 방지하는데 사용된다.

(다) 홈 붙이 둥근 너트 : 너트의 상단에 분할 핀을 끼워 너트의 풀림을 방지하며 홈의 수는 너트의 크기에 따라 6~10개 정도이다.

(라) 둥근 너트(circular nut) : 선반의 주축이나 컴퍼스 손잡이 부분에 사용되며, 별로 힘이 걸리지 않는 곳에서 사용된다.

(마) 스프링 판 너트(spring plate nut) : 스프링 판을 굽혀서 만든 것으로 나사 박음을 하지 않고 간단하게 끼울 수 있기 때문에 사용이 간편하다.

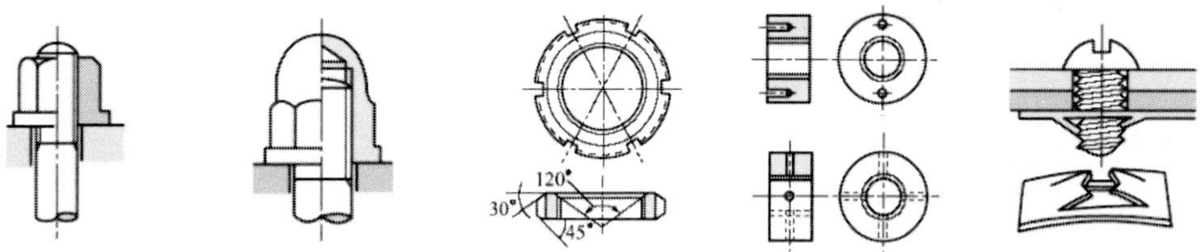

(a) 와셔붙이 너트 (b) 캡 너트 (c) 홈 붙이 둥근 너트 (d) 둥근 너트 (e) 스프링 판 너트

〈그림 2-8〉 특수 너트

나. 너트의 풀림 방지 방법

① 특수 와셔(스프링 와셔, 혀 붙이 와셔)를 사용한다.

② 로크 너트(lock nut)를 사용한다.

③ 자동 죔 너트(self-locking)를 사용한다.

④ 핀, 작은 나사 등을 사용한다.

⑤ 철사를 사용한다.

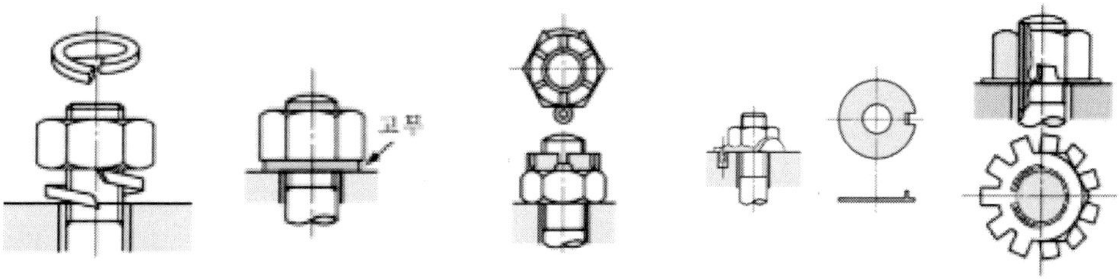

(a) 스프링 와셔 (b) 고무와셔 (c) 분할 핀 (d) 턱 붙이 와셔 (e) 이 붙이 와셔

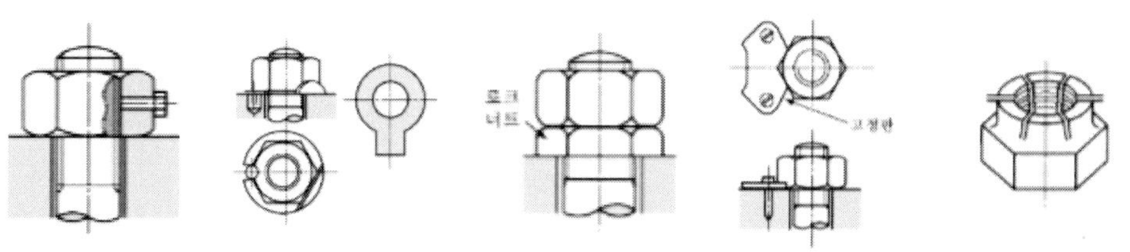

(f) 멈춤 나사 (g) 혀 붙이 와셔 (h) 로크 너트 (i) 고정판 사용 (j) 자동조립 너트

〈그림 2-9〉 나사의 풀림 방지법

4. 나사의 역학 관계

가. 나사의 자립 조건

(1) 나사의 효율

나사를 1회전하는 동안에 실제로 행한 일 량의 몇 %가 유효한 일로 변환 되었는가의 비율을 의미한다.

$$\eta = \frac{\text{유효한일}}{\text{실제로행한일}}$$

여기서 유효한 일 : $Q_p = Q\pi d_2 \tan\theta$

$$2\pi T = 2\pi P\frac{d_2}{2} = 2\pi Q\frac{d_2}{2} tan(\theta+\rho)$$

$$\therefore \eta = \frac{Qp}{2\pi T} = \frac{Q\pi d_2 \tan\theta}{Q\pi d_2 \tan(\theta+\rho)} = \frac{\tan\theta}{\tan(\theta+\rho)}$$

여기서 Q: 하중, d_2: 유효지름, P: 하중을 밀어 올리는 데 필요한 일

p: 피치, T: 나사를 죌 때 필요한 토크

(2) 나사의 자립 조건

나사가 스스로 풀리지 않는 한계, 즉 자립상태를 유지하고 있는 한계는 $\rho = \theta$이어야 한다. 그리고 나산 효율산출 공식은 다음과 같다.

$$\eta = \frac{\tan\theta}{\tan(\theta+\rho)} = \frac{\tan\rho}{\tan(\rho+\rho)} = \frac{\tan(1-\tan^2\rho)}{2\tan\rho}$$

$$= \frac{1}{2} - \frac{1}{2}tan^2\rho \le 0.5$$

나사가 자립상태를 유지할 때 효율은 50%이다.

여기서 $\tan\theta$: 나사의 리드각, $\tan\rho$= 나사의 마찰각

나. 볼트의 설계

(1) 축 하중(인장하중)만 받는 경우의 볼트지름

$$W = \frac{\pi}{4}d_1^2\sigma_t$$

$$d_1 = \sqrt{\frac{1.27\,W}{\sigma_t}}$$

$d_1 = 0.8d$ 이므로

$$W = \frac{\pi}{4}{d_1}^2\sigma_t = \frac{\pi}{4}(0.8\times d)^2\sigma_t \fallingdotseq 0.5d^2\sigma_t$$

$$d = \sqrt{\frac{2\,W}{\sigma}}$$

여기서 σ_t: 볼트 재료의 인장응력(kg/cm^2), W: 하중(kgf)

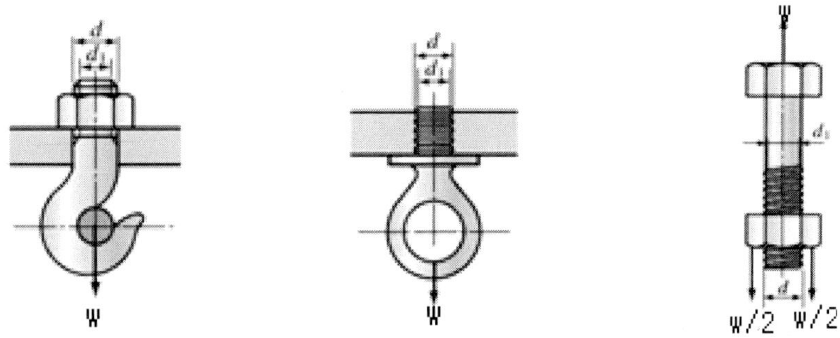

(a) (b) (c)

〈그림 2-10〉 축 하중만을 받는 볼트

(2) 인장하중과 수평하중을 동시에 받는 경우

$$F = W_s - \mu W$$

$$\tau_a = \frac{F}{\frac{\pi d^2}{4}} = \frac{4\,W_s - \mu W)}{\pi d^2}$$

$$d = \sqrt{\frac{4(W_s - \mu W)}{\pi\tau_a}} = 2\times\sqrt{\frac{W_s - \mu W}{\pi\tau_a}}$$

$$\therefore \text{수평하중}(W_s) = 0\text{이면 } d = 2\times\sqrt{\frac{W}{\pi\tau_a}}$$

$$\therefore \text{인장력}(W) = 0\text{이면 } d = 2\times\sqrt{\frac{W_s}{\pi\tau_a}}$$

여기서 W_s: 수평하중(kg), F: 전단력, μ: 마찰 계수

다. 너트의 설계

(1) 개요

너트는 볼트와 함께 물체를 고정하는데 사용하는 것이 있다. 그리고 너트의 높이(H)는 다음과 같이 산출한다.

$$H = np = \frac{4\wp}{\pi d_e h q}$$

여기서 W: 하중, p: 피치, d_e: 유효지름, n: 산의 수

h: 나사산이 걸리는 곳의 높이, q· 허용 섭촉면의 압력(kg/mm^2)

또한 너트의 나사산수(n)는 다음과 같다.

$$n = \frac{4W}{\pi(d^2 - d_1^{\ 2})q}$$

여기서 W: 하중, d: 나사봉의 바깥지름, d_1: 나사의 골 지름

q: 허용 접촉면의 압력(kg/mm^2)

5. 와셔(washer)

와셔는 너트 또는 볼트 머리와 접촉하는 결합 면 사이에 끼워 넣기 위해 볼트구멍을 뚫은 판을 말한다.

가. 와셔의 사용목적

① 볼트 구멍의 지름이 볼트보다 너무 클 때

② 볼트 머리의 시트가 평평하지 아니하고 거칠거나 경사져 죄는 힘이 고르게 작용하지 않을 때

③ 볼트 시트 면의 재료가 약해서 넓은 면으로 지지하여야 할 때

④ 진동이나 회전으로 인해서 볼트나 너트가 풀리거나 빠져나가는 것을 방지할 때

나. 와셔의 종류

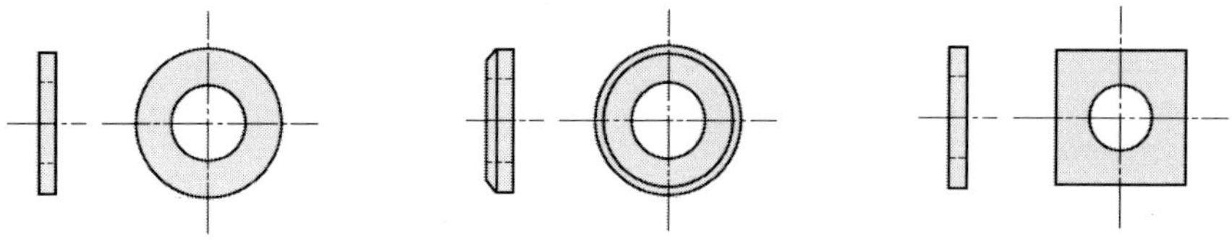

(a) 둥근 와셔 (b) 모 떼기 와셔 (c) 사각 와셔

〈그림 2-11〉 평 와셔

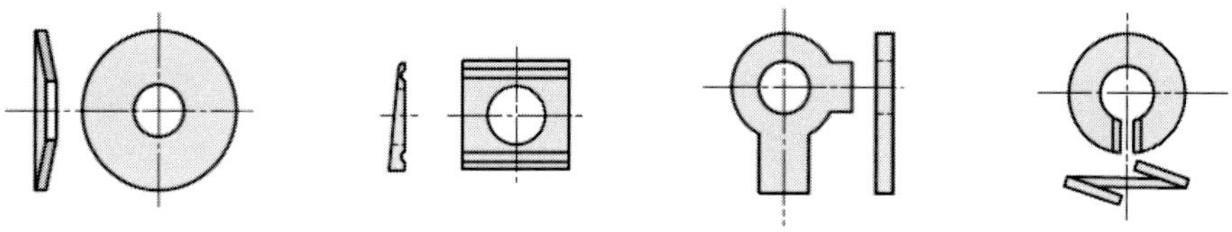

(a) 접시 스프링 와셔 (b) 사각 테이퍼 와셔 (c) 양쪽 혀 붙이 와셔 (d) 스프링 와셔

〈그림 2-12〉 특수 와셔

제 2 절 키, 코터 및 핀

1. 키(key)

키는 기어나 벨트 풀리 등을 회전축에 고정할 때, 또는 회전을 전달하는 동시에 축 방향으로 이동할 수 있도록 할 때 쓰이는 것으로 주로 전단력을 받기 때문에 재질은 축보다 약간 강한 것을 사용한다. 끼우는 방법에 따라 때려 박음 키(driving key, 기울기 1/100)와 축에 키를 끼운 다음 보스를 끼우는 꽂아놓음 키(set key)가 있다. 일반적으로 많이 사용하는 키의 모양은 단면이 직사각형이고 가늘고 긴 사각기둥 모양이며, 그 상하 양면이 평행한 키와 윗면이 약간 경사진 키가 있다. 그리고 키는 축 방향으로 끼워 사용하므로 키나 회전체가 축 방향으로 이동할 가능성이 있다.

이를 방지하는 방법은 다음과 같다.

① 키에 테이퍼를 두어 쐐기작용을 하도록 함으로서 축과 키 및 회전체의 3요소가 일체가 되도록 한다.

② 회전체의 보스(boss)에 마련한 고정나사를 사용하여 3요소가 일체가 되도록 한다.

③ 키 만을 축에서 이동하지 못하도록 끼우고 보스는 너트 등을 사용하여 축 방향으로 이동하지 않도록 한다. 이 때 회전체를 축 방향으로 이동하게 하는 방법도 있다. 기어나 벨트 풀리 등에 축을 부착할 경우에는 축과 직각이 되도록 하고 또한 편심(偏心)이 되지 않아야 한다. 키 를 끼워 넣을 때 세게 때리면 편심이 되는 경향이 있다. 이를 방지하기 위하여 회전체를 축에 억지 끼움을 하거나 키를 꽂아두는 정도로 한다. 그리고 편심을 방지하기 위하여 직각 2방향이나 4방향에 키를 사용하기도 한다.

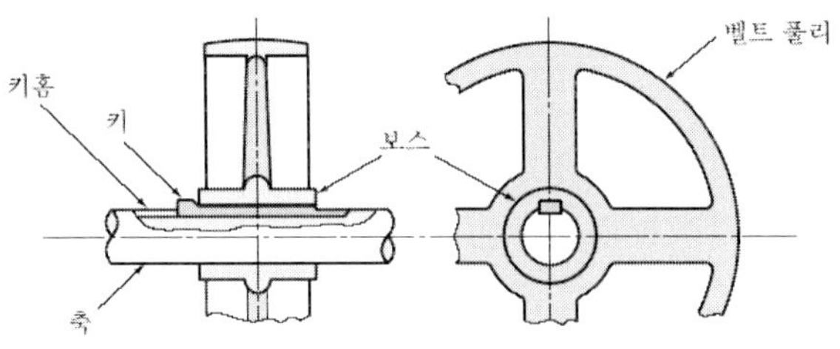

〈그림 2-13〉 키의 적용

가. 종류

(1) 안장 키(saddle key)

새들 키는 축에는 키 홈을 파지 않고 보스에만 키 홈을 파고 키를 박아 마찰력에 의하여 토크를 전달한다. 축은 가공할 필요가 없고 축의 임의의 위치에 사용하는 편리한 점은 있으나 때려 박은 마찰력만으로 토크를 전 달하기 때문에 큰 동력전달용으로는 적합하지 않다.

(2) 납작 키(flat key)

납작 키는 평키라고도 하며 키가 닿는 축을 편평하게 깎아내고 보스에 홈을 판 키를 말한다. 힘의 방향이 변화하는 경우에는 헐거워질 우려가 있다. 축의 가공이 쉬우므로 하중이 비교적 가벼운 것에서 사용한다.

(3) 묻힘 키(sunk key)

묻힘 키는 축과 보스에 모두 키 홈을 파고 여기에 키를 끼우도록 한 것이며, 일반적으로 많이 사용하는 방식 이다. 토크가 확실하게 전달되므로 큰 힘을 전달하는데 쓰인다. 다만, 축의 강도가 조금 약해지는 결점도 있다. 성크 키에는 사용방법에 따라 꽂음 키와 때려 박음 키가 있으며, 꽂음 키에는 경사 키와 평행 키를 사용하고, 때려 박음 키로는 경사 키만이 사용된다.

(4) 접선 키(tangential key)

접선 키는 역회전(逆回轉)이 가능하도록 하기 위해 120° 각도를 두고 2개소에 키를 둔 것이다. 접선키는 압 축 작용만을 받으므로 큰 토크에 견딜 수 있어 큰 힘을 전달하는 곳에서 사용한다.

(5) 미끄럼 키(feather key)

미끄럼 키는 토크 전달과 동시에 보스를 축 방향으로 미끄럼 시킬 필요성이 있을 때 사용한다.

(6) 반달 키(woodruff key)

반달 키는 축에 홈을 깊게 파서 강도가 약해지는 결점이 있으나 키와 키 홈의 가공이 쉽고 키가 자동적으로 자리를 쉽게 잡을 수 있어 테이퍼 축에서 많이 사용한다.

(7) 둥근 키(round key)

둥근 키는 핀 키 라고도 하며 단면은 원형이고 테이퍼핀 또는 평행 핀을 사용한다. 축이 손상되는 일이 별로 없고 가공하기 쉬우므로 간편하게 사용할 수 있으나 큰 토크 전달에는 부적당하고 주로 작은 핸들의 고정에 사용한다.

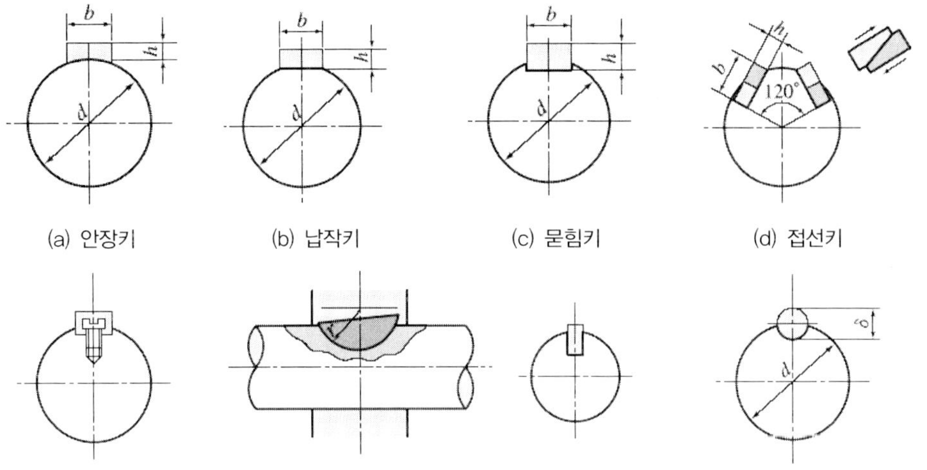

(a) 안장키 (b) 납작키 (c) 묻힘키 (d) 접선키

(f) 미끄럼키 (g) 반달키 (h) 둥근키

〈그림 2-14〉 키의 종류

나. 키의 강도

(1) 묻힘 키

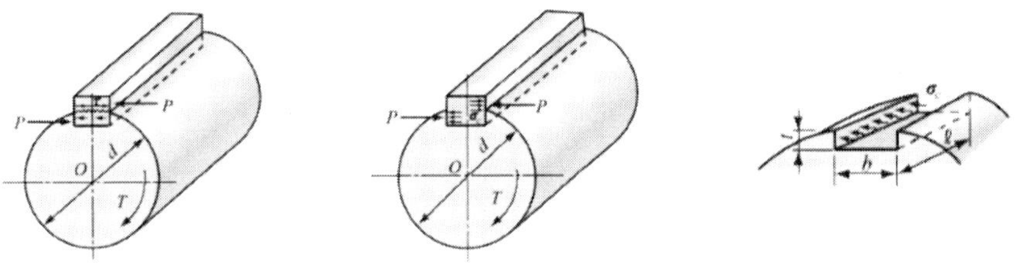

(a) 키의 전단 (b) 축의 압축 (c) 키 홈

〈그림 2-15〉 묻힘 키의 응력

여기서 T: 축의 토그($N \cdot mm$), P: 키의 측면 압축력(N)

d: 축의 지름(mm), b: 키의 폭(mm), l: 키의 길이(mm)

t: 축의 키 홈 깊이, τ: 키의 전단응력(N/mm^2)

σ_c: 키의 압축 응력(N/mm^2)

(가) 키의 전단강도

$$W = bl\tau = \frac{2T}{d}$$

$$\tau = \frac{2T}{bld} = \frac{W}{bl}$$

$$l = \frac{\pi d^2}{8b}$$

(나) 키의 압축강도

$$\sigma_c = \frac{W}{tl} = \frac{2T}{tld}$$

$$l = \frac{\pi\tau d^2}{8\sigma_c t}$$

2. 코터(cotter)

코터는 두께가 일정하며 기울기(taper)가 있는 일종의 쐐기이며 축과 축을 결합할 경우와 같이 축 방향으로 작용하는 압축력이나 인장력에 대해서 풀리지 않도록 부품을 결합할 때 사용한다. 축을 동심으로 끼우고 코터를 때려 박는다. 또한 코터는 탈부착이 편리하며, 기울기 정도는 수시로 분해하는 경우에는 1/6 ~ 1/15 정도로 크게 하고, 거의 분해하지 않는 반영구적인 것은 1/20 ~ 1/40 정도로 한다.

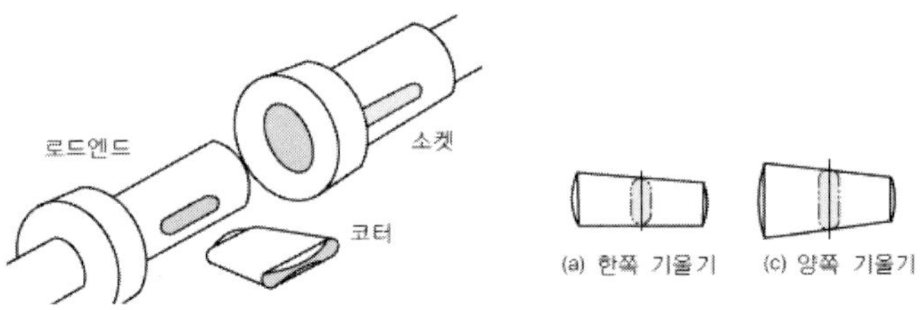

〈그림 2-16〉 코터 이음의 구성

2개 이상의 기계 부품의 결합용 또는 보조용으로 쓰이며, 하중이 작은 곳의 부품 설치 및 분해 조립을 하는 부품의 위치 결정에 널리 사용된다.

가. 코터의 자립조건

① 한쪽 기울기의 코터 : $\alpha < 2\rho$

② 양쪽 기울기의 코터 : $\alpha \le \rho$

여기서 α: 경사각, ρ: 마찰각

나. 코터이음의 강도

$$p = \frac{W}{bd}(kg/cm^2)$$

$$p' = \frac{W}{b(D-d)}(kg/cm^2)$$

① 코터의 전단응력($\tau 1$) = $\frac{W}{2bh}(kg/cm^2)$

② 소켓의 인장응력($\sigma 1$) = $\frac{W}{\frac{\pi}{4}(D^2-d^2)-b(D-d)}(kg/cm^2)$

③ 코터의 나비(h) = $\sqrt{\frac{3Wd}{2b\sigma_b}}(cm)$

여기서 W: 인장하중(kg), b: 코터의 두께(cm), d: 소켓의 안지름(cm)
D: 소켓의 바깥지름(cm), p: 코터와 로드의 접촉 압력(kg/cm^2)
p': 코터와 소켓의 접촉압력(kg/cm^2), σ_b:굽힘압력(kg/cm^2)

3. 핀(pin)

가. 핀의 종류

(1) **평행 핀(dowel pin)** : 평행 핀은 지름이 적은 강철제의 둥근 봉이며, 기계부품을 간단히 체결하거나 또는 분해 · 조립을 하거나 하는 두 부분의 맞춤 면의 관계 위치를 항상 일정하게 유지할 필요가 있는 경우에 사용된다. 주로 축과 보스를 고정하고 토크를 전달하는데 사용되나 이탈되는 단점이 있다. 핀의 크기는 호칭지름 d(mm)와 길이 l (mm)로 나타낸다. 평행 핀은 노크 핀(knock pin), 자리 맞춤 핀(dowel pin)이라고도 부른다.

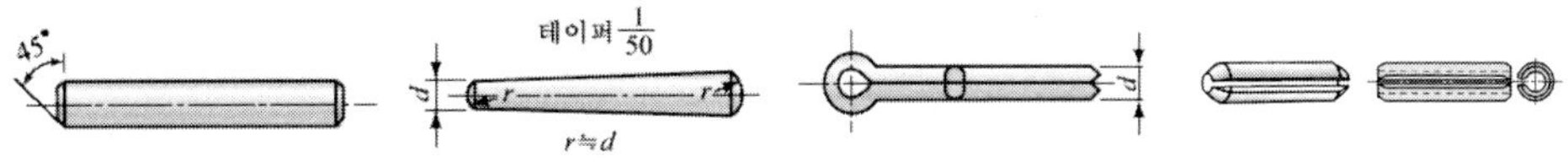

(a) 평행 핀 (b) 테이퍼 핀 (c) 분할 핀 (d) 스프링 핀

〈그림 2-17〉 핀의 종류

(2) **테이퍼 핀(taper pin) :** 1/50 정도의 테이퍼가 있으며, 주로 키 대용으로 사용하거나 보스와 축을 테이퍼 리머(taper reamer)로 가공하여 때려 넣어 고정시키기 위해 사용한다. 테이퍼 핀의 지름은 가장 가는 끝 부분의 지름으로 나타낸다. 평행 핀의 단점을 보완한 핀이다.

(3) **분할 핀(split pin) :** 분할 핀은 너트의 풀림 방지나 축에 끼운 링이 빠지는 것을 방지하기 위해 사용된다. 이것은 강(鋼)이나 황동으로 제작하며 구멍에 끼워 넣은 후 앞 끝을 둘로 벌려서 빠지지 않도록 한다.

(4) **스프링 핀(spring pin) :** 세로방향으로 쪼개져 있어 구멍의 크기가 정확하다.

나. 핀의 설계

(1) 지름(d)

$$p = \frac{W}{db}\ , \quad W = dbp = md^2p(b = md,\ m = 1 \sim 1.5)$$

$$\therefore d = \sqrt{\frac{W}{mp}}$$

여기서 p: 리벳의 피치(mm), W: 1피치 당의 인장하중(kg), t: 판 두께(mm)
d: 리벳 체결 후의 지름(리벳구멍 지름, mm),
e: 리벳 중심에서 강판의 가장자리까지의 거리

(2) 전단 강도

$$W = \frac{d^2\tau}{2}$$

$$\therefore \tau = \frac{2W}{d^2}$$

(3) 굽힘 강도

$$\frac{Wl}{8} = \frac{\pi}{32} d^3 \sigma_b (l = 1.5md,\ l = 2b)$$

$$\therefore \sigma_b = \frac{W \cdot m}{0.52d^2}$$

여기서 W: 하중(kg), d: 핀의 굵기(mm), m: 상수
b: 핀의 링크와의 접촉 길이(mm)
p: 회전 개소에 쓰이는 핀의 투영면에서의 면 압력(kg/mm^2)

다. 핀의 호칭 법

명칭	등급	지름 × 길이	재료

예 평행핀 2급 8×80 SM 20C

제 3 절 리벳(rivet)

리벳은 용기(容器), 압력탱크, 건축물, 교량 등을 제작할 때 판이나 형강(形鋼)을 겹쳐서 반영구적으로 결합하는데 사용한다.

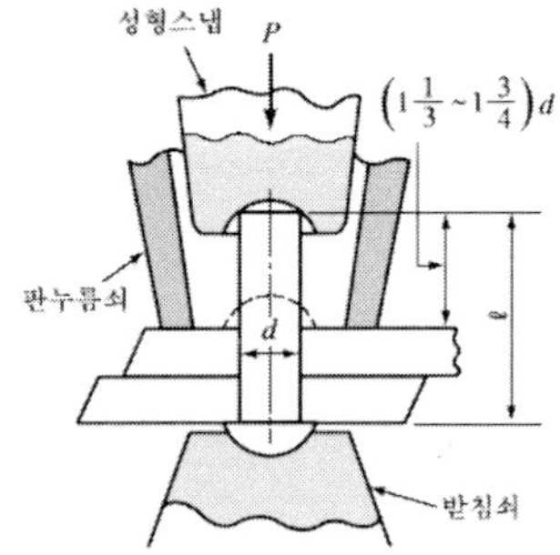

〈그림 2-18〉 리벳 작업

1. 리벳의 재료

리벳의 재료는 일반적으로 결합하는 모재와 같은 종류의 재료를 사용하며, 강, 구리, 알루미늄, 두랄루민 등이 있다. 강관의 경우에는 특히 강도나 내 부식성이 필요할 경우에는 특수강을 사용하기도 한다.

2. 리벳작업의 순서

가. 드릴링(drilling)

펀치나 드릴을 사용하여 강판이나 형강에 리벳이 들어갈 구멍을 뚫는다.

나. 리밍(reaming)

뚫린 구멍을 리머 공구로 정밀하게 다듬질한다.

다. 리벳팅(riveting)

가열된 리벳 생크를 끼우고 머리를 스냅(snap)으로 받치고 스냅을 대고 때려서 머리 부분을 만든다. 구리나 알루미늄제 리벳은 상온에서 작업을 한다(지름이 10mm 이상인 것은 열간 리벳팅 그 이하는 냉간 리벳팅한다).

라. 코킹(caulking)

코킹은 보일러 등의 압력 용기 등에서 리베팅을 한 후 리벳 머리의 주위와 이음매의 판재 모서리를 정으로 찌그러뜨려 액체나 기체가 누출되는 것을 방지하는 작업이다. 주로 기밀, 수밀이 필요한 경우에 사용된다.

마. 플러링(fullering)

플러링은 코킹보다 더욱 더 기밀을 완벽하게 하기 위해서는 판 두께와 같은 두께의 판으로 때리는 작업을 말한다.

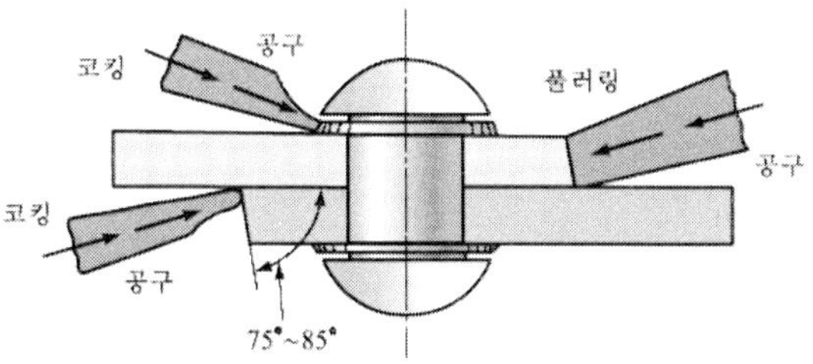

〈그림 2-19〉 코킹과 플러링

3. 리벳의 이음의 강도

리벳이음이 파괴되는 경우는 다음과 같다.

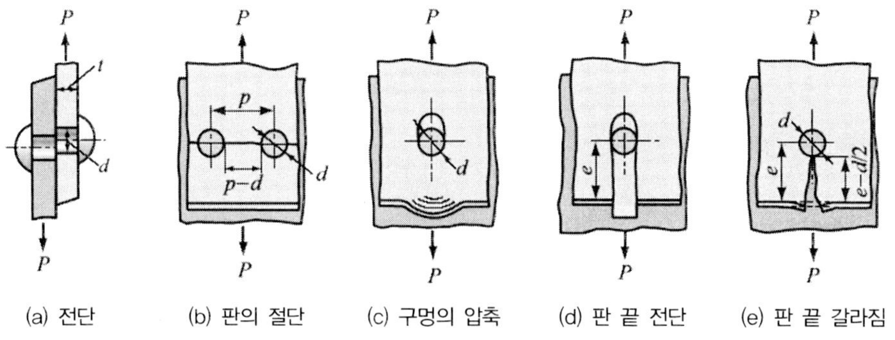

〈그림 2-20〉 리벳이음의 파괴 형태

(1) 리벳이 전단되는 경우

$$P = \frac{\pi}{4} d^2 \tau_a$$

(2) 리벳이 열에 따라 강판이 인장 파괴되는 경우

$$P = t(p - d_0)\sigma_t$$

(3) 강판(또는 리벳)이 압괴 되는 경우

$$P = dt\sigma_c$$

(4) 강판 끝이 전단되는 경우

$$P = 2et\tau_p$$

(5) 강판 끝이 균열되는 경우

$$P = \frac{1}{3d}(2e - d)^2 t\sigma_b$$

여기서 $P = 1$ 피치 마다의 하중(N), t: 판재의 두께(mm)
α_t: 판재의 허용 인장 응력(N/mm^2), d: 리벳의 지름(mm)
α_c: 판재의 허용 압축 응력(N/mm^2), $p =$ 리벳의 피치(mm)
τ_a: 리벳의 허용 전단응력(N/mm^2), τ_p: 판재의 전단응력(N/mm^2)
$e =$ 리벳의 중심에서 가장자리까지의 거리(mm)
d_0: 리벳 구멍의 지름(mm), σ_p: 판의 굽힘 응력(N/mm^2)

4. 리벳의 효율

가. 강판 효율

리벳이음에서 리벳구멍을 뚫은 판의 강도와 구멍을 뚫기 전의 판의 강도와의 비율을 강판 효율이라 한다.

$$\eta_t = \frac{\text{1피치 사이에 구멍이 있는 강판의 인장강도}}{\text{1피치 사이에 구멍이 없는 강판의 인장 강도}}$$

$$= \frac{t(p-d_1)\sigma_t}{tp\sigma_t} = \frac{(p-d_1)}{p} = 1 - \frac{d_1}{p}$$

여기서 d_1: 리벳 구멍의 지름(mm), σ_t: 판재의 인장 강도(kg/mm^2)

나. 리벳 효율

리벳의 전단강도와 구멍을 뚫기 전의 판 강도와의 비율을 리벳 효율이라 한다.

$$\eta_s = \frac{\text{1피치 사이에 구멍이 있는 리벳의 전장 강도}}{\text{1피치 사이에 구멍이 없는 강판의 인장 강도}}$$

$$\frac{n\frac{\pi d^2}{4} \cdot \tau}{pt\sigma_t} = \frac{n\pi d^{2\tau}}{4pt\sigma_t}$$

여기서 τ: 리벳 재료의 전단 강도, n: 1 피치 내의 리벳 전단면 수

다. 리벳의 호칭

리벳 종류	지름 × 길이	재료

예 열간 접시머리 리벳 16×40 SBV34

제4절 용접(welding)

1. 용접의 개요

가. 개요

용접이란 두 개 이상의 금속을 그 용융온도 이상의 고온으로 가열하여 접합하는 영구적 결합법이다.

(1) 용접이음의 장점

① 공작이 용이하므로 재료를 절약할 수 있다.
② 이음효율이 높고 기밀성(氣密性)이 좋다.
③ 사용하는 판재의 두께에 제한이 거의 없다.
④ 재료의 선택폭이 넓고 제작물의 무게를 경감 시킨다.
⑤ 주조물에 비해 크랙 등의 결함이 없고 보수도 용이하다.
⑥ 작업이 비교적 간단하여 작업의 자동화가 용이하다.

(2) 용접이음의 단점

① 용접할 때 고열에 의한 변형이나 잔류 응력으로 인한 변형위험이 있다.
② 용접부분의 금속조직이 취성파손 및 강도저하를 가져온다.
③ 강도가 매우 크므로 응력집중에 대한 민감도가 크다.
④ 진동을 감쇠하는 능력이 부족하다.
⑤ 용접부의 비파괴 검사가 어렵다.

2. 용접의 종류

용접법의 종류는 가열방법, 처리방법, 모재의 상태에 따라 다르나, 융접(fusion welding), 압접(pressure welding), 경납 땜(brazing)으로 대별된다.

① 융접은 모재를 용융상태로 하여 결합하는 방법으로, 가스 용접(gas welding), 아아크 용접(arc welding), 테르밋 용접(thermit welding), 일렉트로 슬래그 용접(electroslag welding), 전자 비임 용접(electron beam welding)등이 있다.

② 압접은 모재를 반 용융 상태 또는 냉간에서 기계적 압력 또는 해머 등으로 압력을 가하여 결합하는 것으로, 저항 용접(resistance welding), 고주파 유도용접(high frequency induction welding), 가스 압접(gas pressure welding), 마찰 압접(friction welding), 초음파 용접(ultrasonic welding), 냉간 압접(cold pressure welding) 등이 있다.

③ 경납 땜은 융점이 낮은 합금(경납)을 중재하여 모재를 결합하는 것으로, 가스 경납 땜(gas brazing), 노중 경납 땜(brazing in furnace), 전기 경납 땜(electric brazing)등이 있다.

3. 용접부의 분류 및 이음의 종류

가. 용접부의 분류

(1) 홈 용접(groove weld)

접합할 모재를 맞대어 놓고, 그 사이에 홈(groove)을 만들며, 이 부분에 용가재를 녹여 붙이는 용접을 홈 용접(groove welding)이라 한다. 홈의 표준형은 한면 홈과 양면 홈이 있으며, 이들의 구분은 홈의 모양에 따라 I형, V형, X형, ν형, U형, H형, K형, J형, 양면 J형 등으로 나눈다. 홈의 모양과 치수는 모재의 재질, 두께, 용접조건에 적합한 것을 택한다.

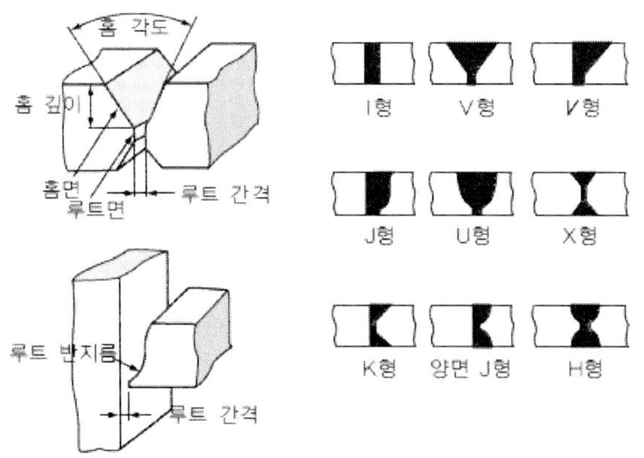

〈그림 2-21〉 홈의 각부 명칭과 홈의 형상

(2) 필릿 용접(fillet weld)

거의 직교(直交)하는 두 면을 결합하는 용접을 필릿 용접이라 하며, 용접 부는 삼각형 모양의 단면을 가진다. 설계상 필릿 용접의 크기는 용접 다리 길이로 표시한다.
이음의 루트(root)로부터 삼각형의 빗변에 이르는 거리를 목두께(throat)라 하며, 용접부 강도 계산에 사용된다.

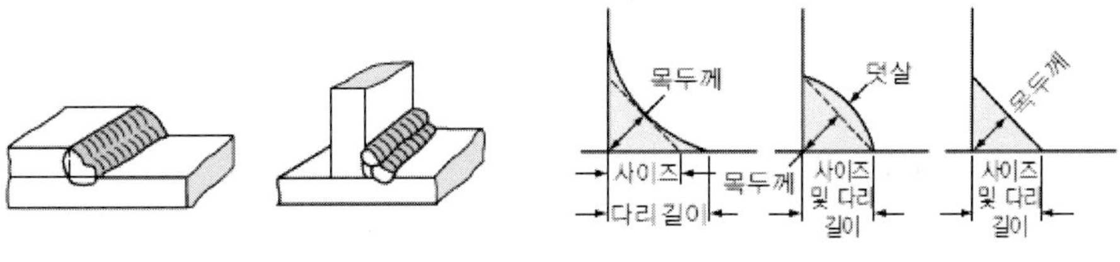

(a) 필릿 용접의 예　　(b) 목두께의 형상

〈그림 2-22〉 필릿 용접의 각 부 명칭

필릿 용접에서 용접선을 연속으로 용접하면 연속 필릿 용접(continuous fillet weld), 용접선 중앙을 끊어서 용접하면 단속 필릿 용접(intermittent fillet weld)이라 한다. 또, 용접선의 양쪽을 엇갈리게 용접하는 것을 엇갈린 단속 필릿 용접(staggered intermittent fillet weld)이라 한다.

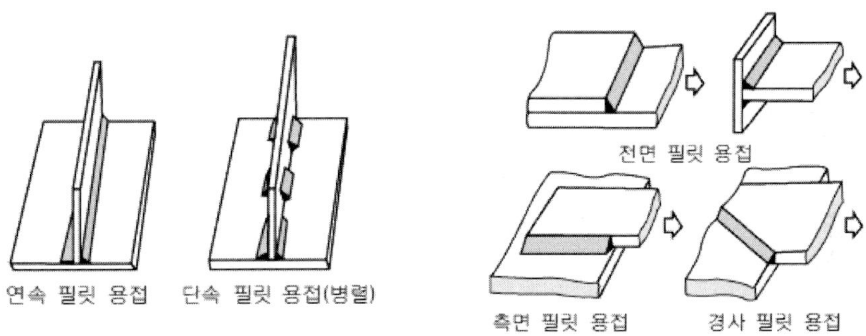

(a) 용접하는 방법에 의한 분류　　(b) 하중이 가해지는 방법에 의한 분류

〈그림 2-23〉 필릿 용접의 종류

한편, 용접선의 방향이 힘의 작용 방향과 거의 직각인 필릿 용접을 전면 필릿 용접(front fillet weld), 평행인 필릿 용접을 측면 필릿 용접(side fillet weld), 경사진 필릿 용접을 경사 필릿 용접이라 한다.

⑶ **비드 용접(bead weld)**

모재의 용접 홈을 만들지 않고, 평면모양의 모재위에 그대로 용접하는 것을 비이드 용접이라 한다.

⑷ **플러그 용접(plug weld)**

접합할 모재의 한쪽에 구멍을 뚫고, 판재의 표면까지 차게 용접하는 방법을 플러그 용접이라 한다.

⑸ **덧 살 올림 용접(built up weld)**

부재 표면이 마멸되었거나 치수가 부족한 표면에 비드를 쌓아올린 용접을 덧 살 올림 용접이라 한다.

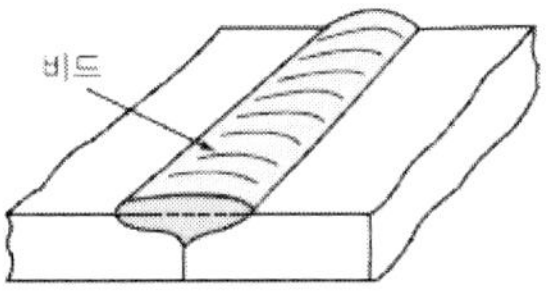

〈그림 2-24〉 비드 용접

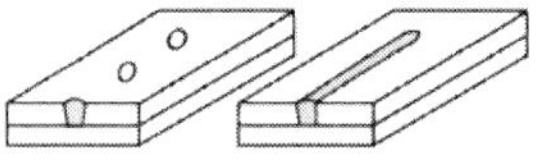

〈그림 2-25〉 플러그 용접

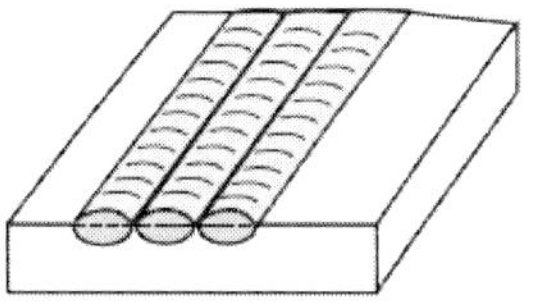

〈그림 2-26〉 덧 살 올림 용접

4. 용접 이음의 강도

용접 이음의 형상은 여러 가지이고, 작용하는 하중도 인장, 압축, 굽힘 및 비틀림 등 가지각색이므로 응력도 복잡하다.

용접부의 응력 분포나 그 파괴 강도에 관해서 아직 불분명한 점이 많아 실용상 간단한 응력 산정법을 지정하여 구한 응력으로 용접부의 강약을 논하는 방법을 채택하고 있다.

가. 맞대기 용접 이음의 강도

맞대기 용접 이음은 극히 얇은 판을 제외하고는 [그림2- 27]와 같이 덧 살이 생기므로 이것을 제거한 두께로 강도를 계산하는 것을 원칙으로 한다.

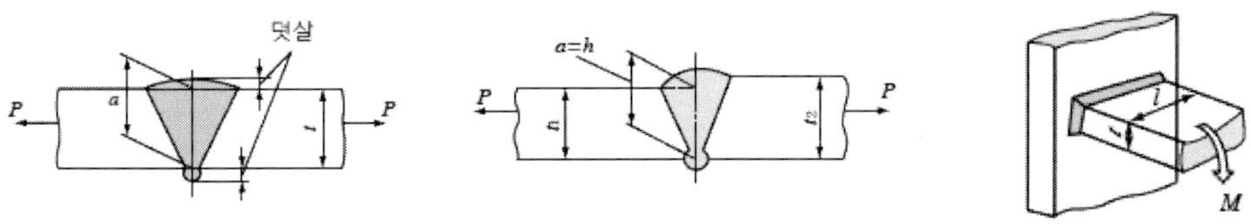

(a) 목 두께와 덧 살 (b) 두께가 다른 경우 (c) 굽힘을 받는 경우

〈그림 2-27〉 맞대기 용접 이음

(1) 두께가 같은 맞대기 이음(그림a)

① 인장응력

$$\sigma_t = \frac{P}{tl} = \frac{P}{al}$$

여기서 t: 판두께, l: 용접 길이, a: 목 두께
σ_t: 인장 응력, P: 인장 하중

(2) 두께가 다른 맞대기 이음(그림b)

① 인장응력

$$\sigma_t = \frac{P}{t_1 l} = \frac{P}{al}$$

판 두께가 다른 경우 두께가 얇은 쪽을 택한다.

(3) 굽힘을 받는 경우(그림c)

① 굽힘 모멘트

$$M = \sigma_b Z = \frac{\sigma_b l^2 l}{6} = \frac{\sigma_b a^2 l}{6}$$

나. 필릿 용접 이음의 강도

(1) 측면 필릿 용접 이음

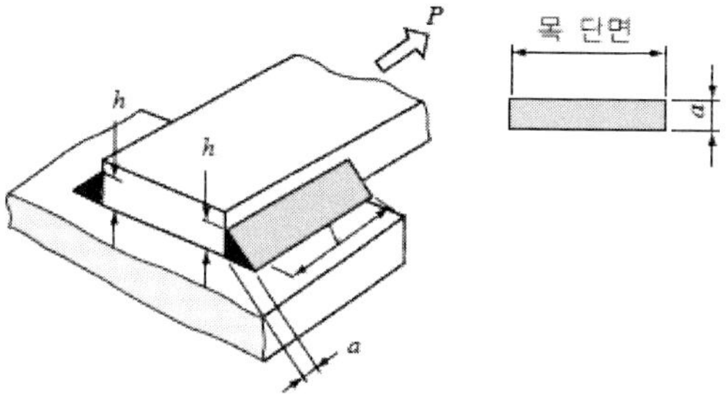

〈그림 2-28〉 측면 필릿 용접 이음

① 전단응력

$$\tau = \frac{P}{A} = \frac{P}{2al} = \frac{P}{2h\cos 45^{\circ} l} = \frac{P}{1.414hl}$$

(2) **전면 필릿 용접 이음**

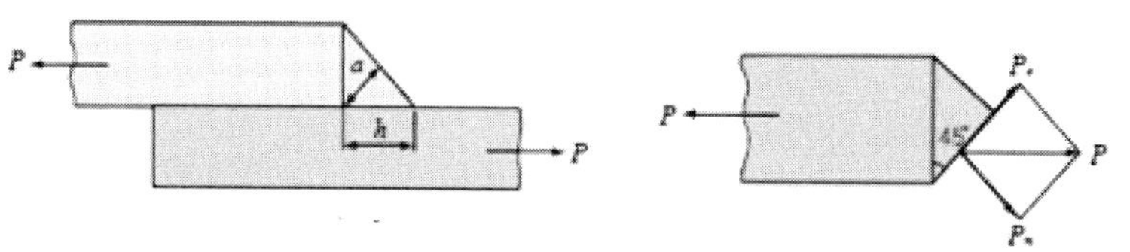

〈그림 2-29〉 전면 필릿 용접 이음(한면 이음)

① 수직응력

$$\sigma_n = \frac{P_n}{0.707lh} = \frac{P}{lh}$$

② 전단응력

$$\tau = \frac{P_s}{0.707lh} = \frac{P}{lh}$$

여기서 P_n: 인장력, P_s: 전단력

제3장

축(Shaft) 관계 기계요소

제1절 축(shaft)
제2절 축이음(shaft joint or coupling)
제3절 베어링(bearing)

축 관계 기계요소에서 기계의 운동을 전달하는 방법에는 다음과 같다.

① 구동축(또는 원동축이라 함, driving shaft)과 피동축(driven shaft)을 축이음으로 연결하는 방법
② 구동축과 피동축사이에 마찰차나 기어를 설치하고 그 접촉을 이용하여 전달하는 방법
③ 구동축과 피동축사이에 벨트나 체인으로 연결하여 전달하는 장치, 링크장치, 또는 유압장치 등의 매개체를 이용하여 전달하는 방법, 이러한 방법은 구동축과 피동축의 상호위치(일직선, 직각으로 교차, 평행 등), 회전속도(증속, 감속), 회전방향 등의 조건을 만족시키기 위해 다음에 설명하는 기계요소를 적절히 선택하여 사용한다.

제 1 절 축(shaft)

축은 베어링으로 지지되어 있으면서 회전운동에 의하여 동력을 전달하는 기계요소이다. 축은 강도나 강성 이외에 기계부품으로서 필요한 조건을 갖추고 베어링으로 지지하여 구동축과 피동축이 일직선상에 있거나 또는 약간의 각도로 교차하는 위치에서 동일한 회전방향으로 동일한 회전속도를 전달하도록 두 축을 연결하는 경우에 사용한다. 그밖에 회전하는 부품을 지지하거나 왕복운동을 직선운동으로 바꾸는 경우도 있다.

1. 축의 종류

가. 작용하는 힘에 의한 분류

(1) **전동축(transmission shaft)** : 전동축은 동력을 전달하는 것을 목적으로 하는 축이다.

① 주로 비틀림 작용을 받는 일반적인 동력 전달용 축이 있으며, 여기에 속하는 것이 주축(main shaft)이나 중간축이다.

② 비틀림 작용 이외에 전단, 굽힘, 인장, 압축작용을 받는 축이 있으며, 여기에 속하는 것이 터빈 축, 윈치의 드럼 축, 선박의 추진축 등이다.

(2) **차축(axle)** : 차축은 기차나 자동차의 두 바퀴를 연결한 것이며, 차체나 화물의 중량을 지지하므로 굽힘 작용을 받는다.

(3) **스핀들(spindle)** : 스핀들은 전동축 중에서 특별한 것이며 동력을 전달하면서 실제 작동을 하는 비교적 짧은 축이며 기계 부품의 하나이다. 비틀림 작용을 받으며, 형상 치수가 정밀하고 변형이 적으며 내마모성이 커야 한다.

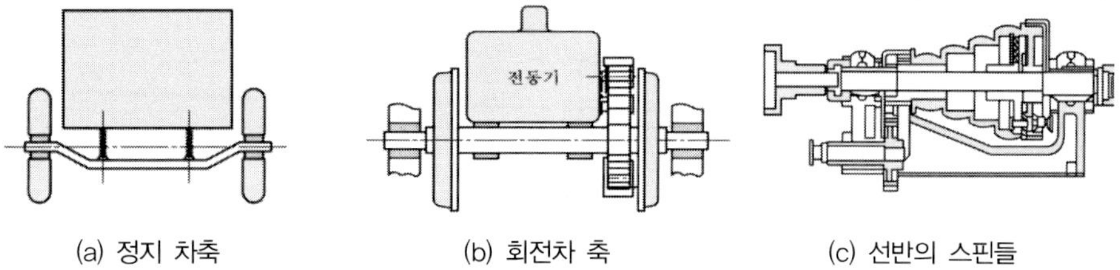

(a) 정지 차축　　(b) 회전차 축　　(c) 선반의 스핀들

〈그림 3-1〉 축의 종류

나. 모양에 따른 분류

(1) **직선 축(straight shaft) :** 일반적으로 사용되는 곧은 축이며 축의 대부분이 여기에 속한다. 축의 단면 모양 은 원형이며 특수한 경우에는 4각 축, 6각 축 등이 있다. 또한 중실 축(中實軸)과 중공 축(中空軸)이 있다.

(2) **크랭크 축(crank shaft) :** 왕복운동 기관이나 공기 압축기 등에서 사용하는 축이며 직선 왕복운동을 회전운동으로 바꾸고 또 회전운동을 직선 왕복운동으로 바꾸는데 사용되는 축이다.

(3) **플렉시블 축(flexible shaft) :** 축의 방향이 자유롭게 변화될 수 있는 축으로 철사를 코일 모양으로 2 ~ 3 중으로 감아서 만든 것이다. 주로 작은 동력 전달에 사용된다.

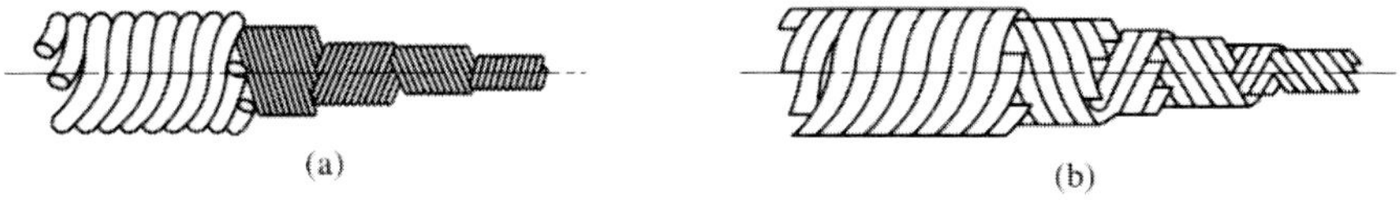

〈그림 3-2〉 코일형 유연성 축

2. 축의 재료

일반적인 축에는 탄소강을 사용하고 고속·고하중의 경우에는 크롬—몰리브덴(Cr—Mo)강, 니켈—크롬(Ni— Cr)강이나 그 밖의 특수강을 사용한다. 크랭크축이나 캠축 등 형상이 복잡한 축은 미하나이트 주철이나 고급 주 철을 사용하고 또한 강도나 내마모성을 고려하여 담금질 등의 열처리를 한다.

3. 축의 설계

가. 굽힘만이 작용하는 축

(1) **중실 축**

$$M = \sigma_a Z = \frac{\pi}{32} d^3 \sigma_a$$

$$= \frac{d^3}{10.2} \sigma_a$$

$$\therefore d = \sqrt[3]{\frac{10.2}{\sigma_a} M} \fallingdotseq 2.17 \sqrt[3]{\frac{M}{\sigma_a}}$$

(2) **중공 축**

$$M = \sigma_a Z = \frac{\pi}{32}\left(\frac{d_2^4 - d_1^4}{d_2}\right)\sigma_a = \frac{d_2^3}{10.2}(1-x^4)\sigma_a$$

$$\therefore d_2 = \sqrt[3]{\frac{10.2M}{(1-x^4)\sigma_a}} \fallingdotseq 2.17\sqrt[3]{\frac{M}{(1-x^4)\sigma_a}}$$

여기서 M : 축의 굽힘 모멘트($kg \cdot mm^2$), σ_a: 축의 허용 굽힘 응력(kg/mm^2)

Z : 축의 단면계수(mm^2), d: 축의 지름(mm), x: 내외경비($x = \frac{d_1}{d_2}$)

(a) 중심축 (b) 중공축

〈그림 3-3〉 원형축의 지름

나. 비틀림만을 받는 축(전동축)

(1) **중실 축**

$$T = \tau_a \cdot Z_p = \tau_a \cdot \frac{\pi}{16}d^3$$

$$\therefore d = \sqrt[3]{\frac{16T}{\pi\tau_a}} = \sqrt[3]{\frac{5.1T}{\tau_a}}$$

$$\therefore T = 71620\frac{H}{N}kg \cdot cm = 97400\frac{H'}{N}kg \cdot cm$$

$$d = 71.5\sqrt[3]{\frac{H}{\tau_a N}}\,cm, \quad d = 79.2\sqrt[3]{\frac{H'}{\tau_a N}}\,cm$$

(2) **중공 축**

$$T = Z_P \cdot \tau_a$$

여기서 $Z_p = \frac{\pi}{16}d_2^3(1-x^4)$이므로 아래와 같다.

$$T = \frac{\pi}{16} d_2{}^3 (1 - x^4) \tau_a = \frac{d_2^3}{5.1} (1 - x^4) \tau_a$$

$$\therefore d_2 = \sqrt[3]{\frac{5.1\,T}{(1 - x^4)\tau_a}}$$

$$d_2 = 71.5 \sqrt[3]{\frac{H}{(1 - x^4)\tau_a N}}\, cm = 79.2 \sqrt[3]{\frac{H'}{(1 - x^4)\tau_a N}}\, cm$$

여기서 T=축의 비틀림 모멘트($kg \cdot mm$), d: 축의 지름(mm)

T_a =축의 허용 전단응력($kg \cdot mm$), N: 축의 매분 회전수(mm)

H=전달마력($PS = HP$), H': 전달 동력(KW)

다. 휨과 비틀림을 동시에 받는 축

(1) 상당 비틀림 모멘트에 의한 경우

$$T_e = \sqrt{M^2 + T^2} = \tau_a \bullet Z_p = \tau_a \bullet \frac{\pi d^3}{16}$$

$$d = \sqrt{\frac{16\,T_e}{\pi \bullet \tau_a}} = \sqrt{\frac{5.1\,T_e}{\tau_a}} \text{ (중실 축)}$$

$$d_2 = \sqrt[3]{\frac{5.1\,T_e}{(1 - x^4)\tau_a}} \text{ (중공 축)}$$

(2) 상당 굽힘 모멘트에 의한 경우

$$M_e = \frac{M + T_e}{2} = \frac{1}{2}(M + \sqrt{M^2 + T^2}) = \sigma_b \bullet Z = \sigma_b \times \frac{\pi d^3}{32}$$

$$d = \sqrt[3]{\frac{32 M_e}{\pi \sigma_b}} = \sqrt[3]{\frac{10.2 M_e}{\sigma_b}} \text{ (중실 축)}$$

$$d_2 = \sqrt[3]{\frac{10.2 M_e}{(1 - x^4)\sigma_b}} \text{ (중공축)}$$

여기서 T_e =상당 비틀림 모멘트($kg \cdot mm$), M_e =상당 휨 모멘트($kg \cdot mm$)

라. 축의 비틀림 강도

$$\theta = \frac{Tl}{GI_p}(rad)$$

$$\theta^{\circ} = 57.3^{\circ} \times \frac{Tl}{GI_p}(도)$$

여기서 θ: 비틀림 각도, I_p: 극단면 2차 모멘트($\frac{\pi d^4}{32}$), l: 길이

G: 세로 탄성 = 계수 가로 탄성 계수 = $8.1 \times 10^5 (kg/cm^2)$, $1rad = 57.3^{\circ}$

(1) 바하(Bach)의 축 공식을 적용

$l = 1m$에 대하여 $\theta \le \frac{1}{4}^{\circ}$로 설계할 때

축의 지름

$$d = 12\sqrt[4]{\frac{H}{N}}\,cm\,(중실축), \quad d = 12\sqrt[4]{\frac{H}{N(1-x^4)}}\,cm\,(중공축)$$

$$d = 13\sqrt[4]{\frac{H'}{N}}\,cm(중실축), \quad d = 13\sqrt[4]{\frac{H'}{N(1-x^4)}}\,cm(중공축)$$

주) 바하의 주장 : 단순보에서 최대 처짐 량은 축의 길이의 1/3000로 제한

제 2 절 축이음 (shaft joint or coupling)

1. 축이음의 개요

구동축의 끝부분과 피동축의 끝부분을 연결하는 기계부품을 말한다. 즉 2개의 회전축을 연결하여 한쪽의 동력을 다른 쪽으로 전달하는 데 사용하는 장치이다. 축이음은 동작중 이음을 끊을 수 없는 커플링과 필요에 따라 단속(斷續)할 수 있는 클러치로 구분할 수 있다. 축이음은 축이 1개로는 너무 길거나 2축의 축선이 일직선상에 있지 않은 경우 등에 사용한다.

가. 구비조건

① 중심 맞추기가 완전하여야 한다.
② 분해·결합이 쉬워야 한다.
③ 회전체의 바깥 면은 매끈하여야 하고, 돌기물이 있을 경우에는 보호 장치를 하여야 한다.
④ 동력전달이 원활하고, 확실하여야 한다.
⑤ 진동이 있어도 풀리지 않아야 한다.
⑥ 작고, 가벼워야 한다.
⑦ 회전평형이 잡혀 있어야 한다.

나. 축이음의 종류

(1) 단속(斷續)이 불가능한 경우

① 고정 축 이음
② 플렉시블 커플링
③ 올담 커플링
④ 자재이음

(2) 단속이 가능한 축 이음(클러치)

① 물림 클러치

② 마찰 클러치

③ 비역전 클러치

④ 유체 클러치

⑤ 전자 클러치

2. 커플링(coupling)

가. 슬리브 커플링(sleeve coupling or muff coupling)

슬리브 커플링은 주철제 원통 속에 2개의 축을 양쪽에서 각각 밀어 넣고 키로 고정시킨 방식이다. 일반적으로 축의 지름이 매우 적을 때 사용된다.

나. 플랜지 커플링(flange coupling)

플랜지 커플링은 양쪽의 축 끝에 주철이나 강으로 만든 플랜지를 고정하고 볼트로 조인 것이다.

다. 플렉시블 커플링(flexible coupling)

플렉시블 커플링은 2축의 중심선이 어느 정도 어긋났거나 경사가 있을 때 사용하며 결합부에 합성고무, 가죽, 스프링 등의 탄성재료를 사용하여 양축사이의 토크를 이들을 통하여 전달하도록 한다.

라. 올담 커플링(oldham' coupling)

올담 커플링은 두 축이 평행하고 축의 중심이 어긋나 있을 때 사용하며, 양축 끝에 설치한 플랜지 사이에 90°의 각도로 키 모양의 돌출부가 양쪽에 있는 원판이 있으며, 이 돌출부가 플랜지의 홈에 끼워져 동력을 전달할 수 있도록 한다.

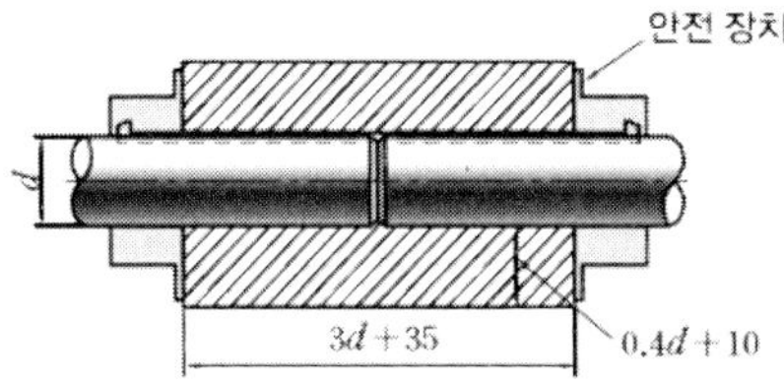

(a) 슬리브 커플링

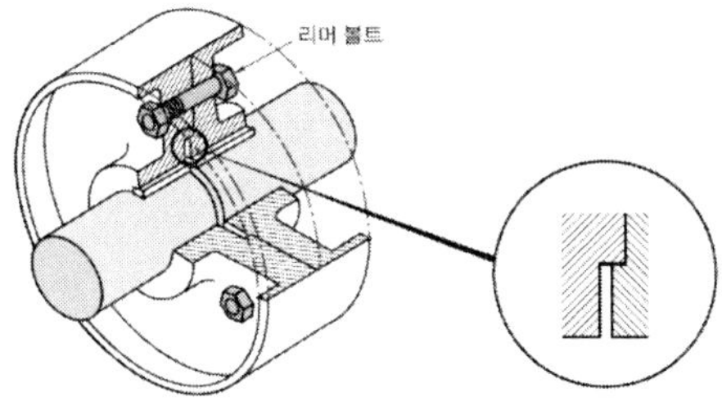

(b) 플랜지 커플링

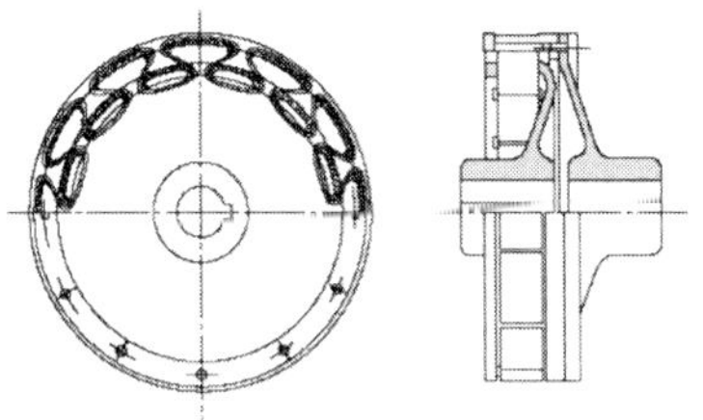

(c) 플렉시블 커플링

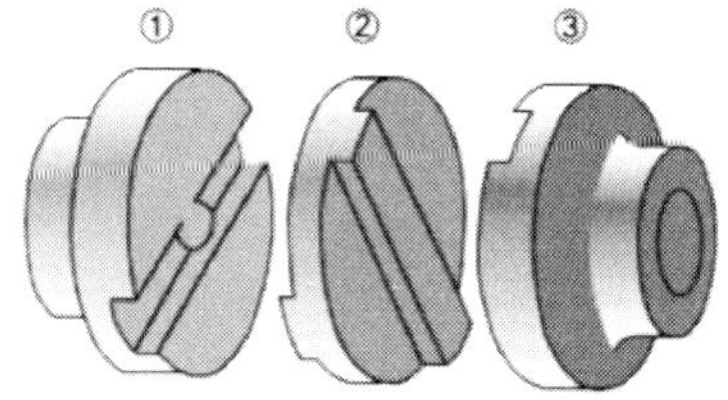

(d) 올담 커플링

〈그림 3-4〉 커플링의 종류

마. 자재이음(universal joint)

자재이음은 두 축이 30° 미만의 각도로 교차한 상태로 토크를 전달한다. 요크(yoke)를 십자형 핀으로 연결 하여 토크를 전달한다. 공작기계, 자동차의 추진축, 압연 롤러의 추진축 등에 사용된다. 구동축의 각 속도를 **ω**1, 회전각도를 θ°라 하고 피동축의 각속도를 **ω**2, 만나는 각도를 α°라 하면 각 속도 비는 다음과 같다.

$$\frac{\omega_2}{\omega 1} = \frac{\cos\alpha}{1 - \sin^2\theta \cdot \sin^2\alpha}$$

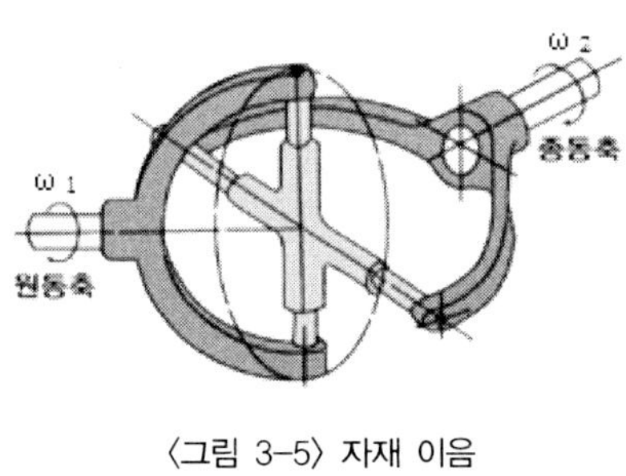

〈그림 3-5〉 자재 이음

3. 클러치(clutch)

클러치는 운전 중 회전력을 단속할 수 있는 축 이음이다. 자동차에서는 기관 플라이휠 뒷면에 설치되어 있다.

가. 클러치 마찰 재료의 구비조건

① 마찰계수가 클 것
② 내 마멸성이 클 것
③ 단속 작용(斷續 作用)이 원활하고 평형상태를 유지할 것
④ 고온에 견딜 수 있어야 하고, 장시간 변질되지 않을 것
⑤ 기계적 성질이 우수할 것

나. 마찰 클러치를 설계할 때 고려하여야 할 사항

① 관성을 감소시키기 위해 소형 경량일 것
② 마멸이 발생하여도 이를 알맞게 수정할 수 있을 것

다. 종류

(1) **물림 클러치(claw clutch)** : 플랜지 중 1개는 구동축에 키로서 고정하고 다른 1개는 미끄럼 키로서 피동 축에 부착하고 이것을 축 방향으로 미끄럼운동을 시켜 단속하는 클러치이다.

(2) **마찰 클러치(friction clutch)** : 구동축과 종동축에 붙어 있는 마찰면을 서로 밀어 붙여 마찰면에 발생하는 마찰력에 의하여 동력을 전달하는 클러치이다.

(가) **원판 클러치(disk clutch)** : 마찰력을 효과적으로 작용시키기 위하여 바깥둘레 부분만을 접촉시키고 중앙부는 떨어지게 하여 종동축의 원판을 미끄럼에 의하여 축 방향으로 이동시켜 동력의 전달을 단속한다.

(나) **원추 클러치(cone clutch)** : 접촉면이 원추형으로 되어 있어 축 방향에 작은 힘을 가해도 쐐기 작용에 의해 큰 접촉 압력을 얻는다.

(3) **전자클러치** : 전자 클러치는 구동축의 회전력을 종동축에 전달하는 수단으로서 전자력을 이용하여 연결과 단절을 자유로 할 수 있다.

(4) **유체 클러치(fluid clutch)** : 구동축의 토크를 유체에 의하여 종동축에 전달하여 단속을 하는 클러치이다. 구성은 2개의 날개바퀴로 되어 있으며 구동축 날개바퀴를 임펠러(impeller)라 하고 종동축 날개바퀴를 터빈(turbine)이라 한다. 유체 클러치는 축의 수명이 길고 운전은 조용하며 고속회전에서도 효율이 좋아 마찰 클러치 대신에 차량 또는 선박 등에 많이 사용되고 있다.

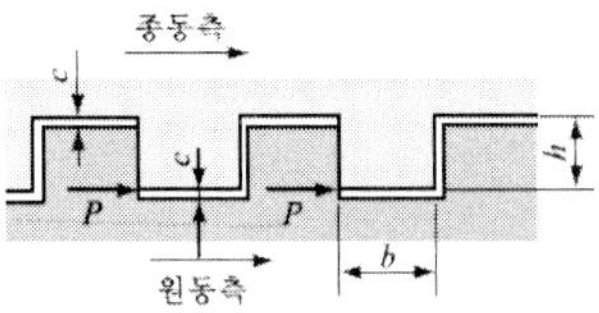

(a) 맞물림 클러치

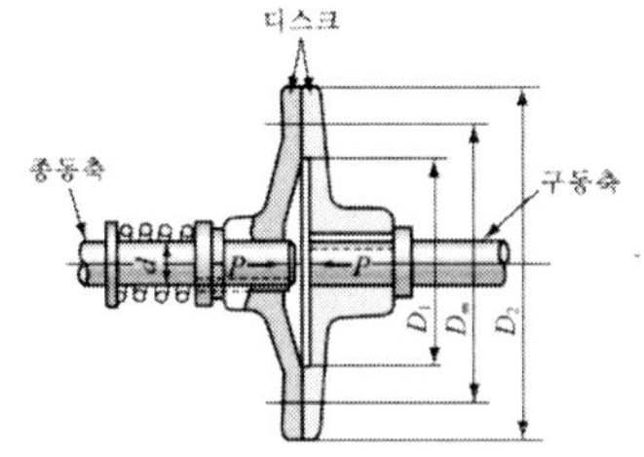

(b) 원판 마찰 클러치

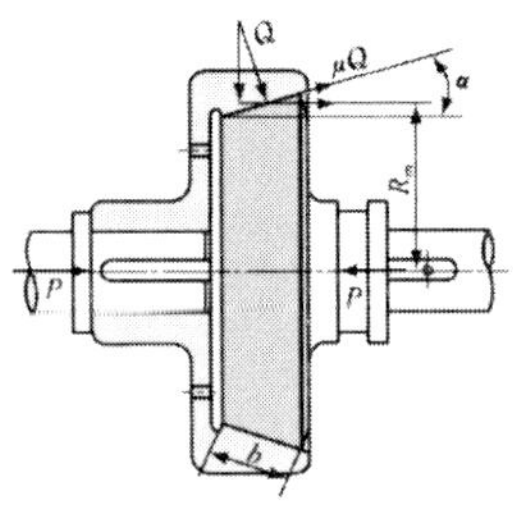

(c) 원주 클러치

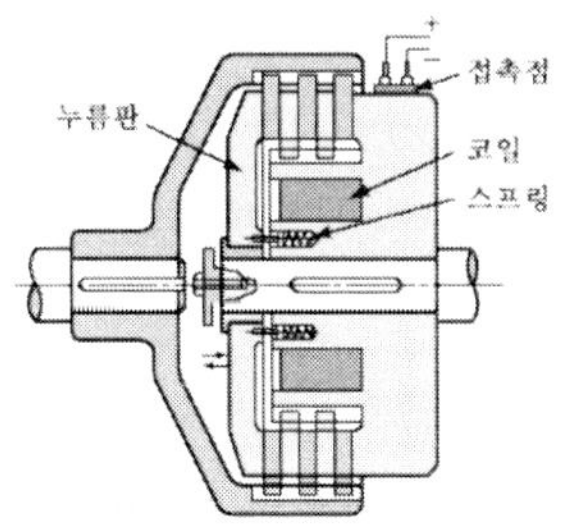

(d) 전자 클러치

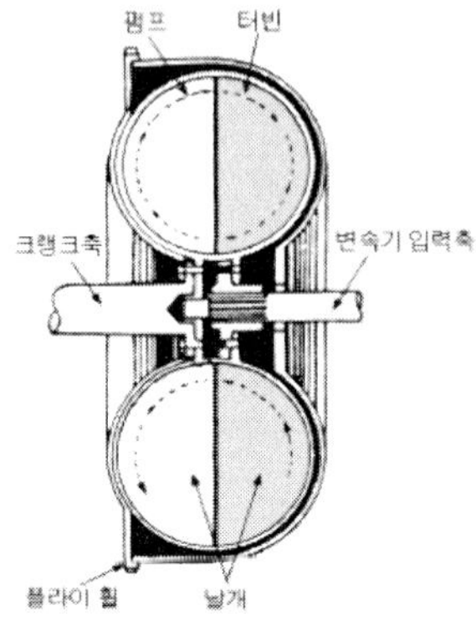

(e) 유체 클러치

〈그림 3-6〉 클러치의 종류

제 3 절 베어링(bearing)

베어링은 회전축 또는 왕복 운동하는 축을 지지하고 있는 기계부품을 말한다. 베어링부분과 접촉하고 있는 회전축 부분을 저널(journal)이라 한다. 베어링은 어는 것이나 그 지지부분의 상대운동에 의한 마찰을 피할 수 없으며 이 마찰을 잘 처리하지 못하면 동력의 손실과 열 발생 등으로 인하여 기계효율의 저하, 마모, 진동 등이 발생하며 이것이 심하면 손상되는 경우도 있다. 따라서 베어링에는 윤활을 하여 운동을 원활하게 하여 기계의 수명을 유지한다.

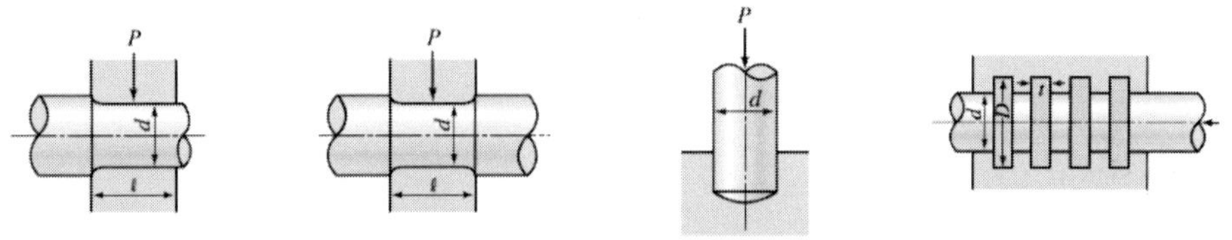

(a) 엔드 저널　(b) 중간 저널　(c) 피봇 저널　(d) 칼라 저널

〈그림 3-7〉 저널의 종류

1. 베어링의 분류

가. 하중의 방향에 따른 분류

(1) **레이디얼 베어링(radial bearing)** : 레이디얼 베어링은 하중의 방향이 축에 직각인 경우에 사용된다.

(2) **스러스트 베어링(thrust bearing)** : 스러스트 베어링은 하중의 방향이 축과 평행인 경우에 사용된다.

(3) **테이퍼 베어링(taper bearing)** : 축 방향 및 축에 직각인 하중을 동시 지지 하는 경우에 사용된다.

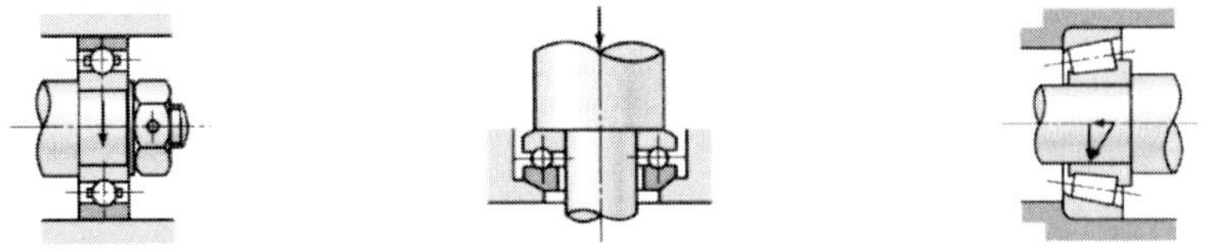

(a) 레이디얼 베어링 (b) 스러스트 베어링 (c) 테이퍼 베어링

〈그림 3-8〉 구름베어링의 하중방향

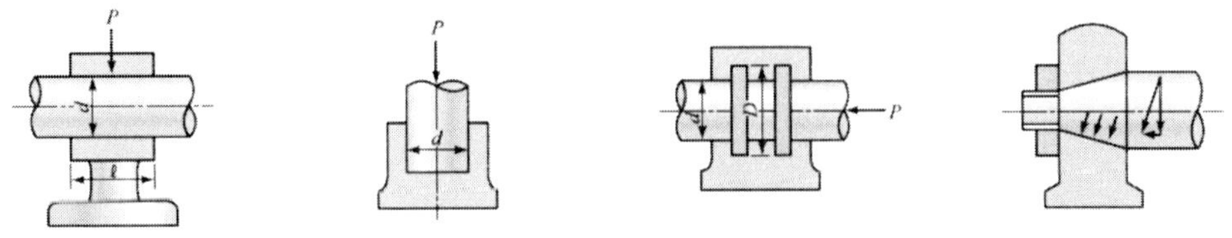

(a) 레이디얼 베어링 (b) 스러스트 베어링(피봇) (c) 스러스트 베어링(칼러) (e) 테이퍼 베어링

〈그림 3-9〉 미끄럼 베어링의 하중방향

나. 접촉방법에 따른 분류

접촉방법에 따른 베어링의 분류에는 미끄럼 베어링과 구름베어링이 있다. 미끄럼 베어링은 평면 베어링이라 고도 하며, 베어링의 안쪽 면이 직접 축을 지지하여 미끄럼운동을 하는 방식이며, 구름베어링은 축과 베어링 면 사이에 볼이나 롤러를 넣어 구름운동을 하는 방식이다.

(1) **미끄럼 베어링(sliding bearing)** : 베어링이 상하로 분할되어 조립이 용이하고 윤활유를 미끄럼 면에 공급해 주는 오일 구멍은 압력 분포가 낮은 부분에 만든다.

㈎ **미끄럼 베어링의 재료** : 베어링 합금은 무르기 때문에 필요한 강도를 지니도록 하기 위하여 베어링 셀(bearing shell)에 주입하여 사용한다. 베어링 합금으로 널리 사용되는 것은 화이트 메탈(주석, 납, 안티 몬, 등의 합금), 청동, 인 청동, 납 청동, 알루미늄 등이며, 베어링 합금의 구비조건은 다음과 같다.

① 마모에 견딜 수 있는 정도로 단단한 반면에 축을 손상시키지 아니하도록 축의 재료보다 물러야 한다.
② 축과의 마찰 계수가 적은 재료라야 한다.
③ 마찰열의 냉각이 잘 되도록 열 전도성이 좋아야 한다.
④ 내 부식성이 있어야 한다.
⑤ 제작이 쉬워야 한다.

그리고 평면 베어링의 치수는 베어링의 허용압력을 어느 한계 이하로 되도록 하여야 한다. 베어링 압력은 베어링에 가하는 전 하중을 베어링 면적(레이디얼 베어링은 지름×길이)으로 나눈 값이며, 이 베어링의 압력이 크면 오일 막이 끊겨 윤활이 잘 안되고, 마찰이 커져 베어링이 손상되는 경우도 있다. 그밖에 마찰열의 영향도 고려하여야 한다. 이 열은 축에 가하는 압력 P(kgf/cm2)와 베어링 면에서 축의 미끄럼운동 속도 V(m/ sec)에 비례하며, 압력과 축 표면의 속도를 곱한 PV(kgf/cm2·m/sec)를 PV계수라 하여 베어링의 내압(耐壓)의 기준이 된다.

(나) 미끄럼 베어링의 장점

① 구조가 간단하며 값이 싸다.
② 베어링 수리가 쉽다.
③ 충격에 견디는 힘이 크다.
④ 전달 토크가 크며, 베어링에 작용하는 하중이 클 때 사용한다.
⑤ 정밀도를 높일 수 있어 공작기계나 측정기 등 정밀도가 높은 회전이 요구되는 곳에서 사용된다.
⑥ 수명이 길다.

(다) 미끄럼 베어링의 단점

① 시동할 때 마찰저항이 크다.
② 오일 공급(급유)에 주의하여야 한다.

(2) **구름 베어링(rolling bearing) :** 구름 베어링은 안 레이스(inner race), 바깥 레이스(outer race), 전동 체 (볼 또는 롤러), 리테이너(retainer ; 볼을 전체 원둘레에 고르게 배치하여 상호간의 접촉을 피하고 마멸·소음을 방지하는 것)의 4가지로 구성되어 있다. 전동체의 형상에 따라 베어링을 분류하면, 볼 베어링(ball bearing), 롤러 베어링(roller bearing), 니들 롤러 베어링(needle roller bearing)이 있고, 하중의 작용방향에 따라 구분하면 레이디얼 베어링과 스러스트 베어링으로 나눈다.

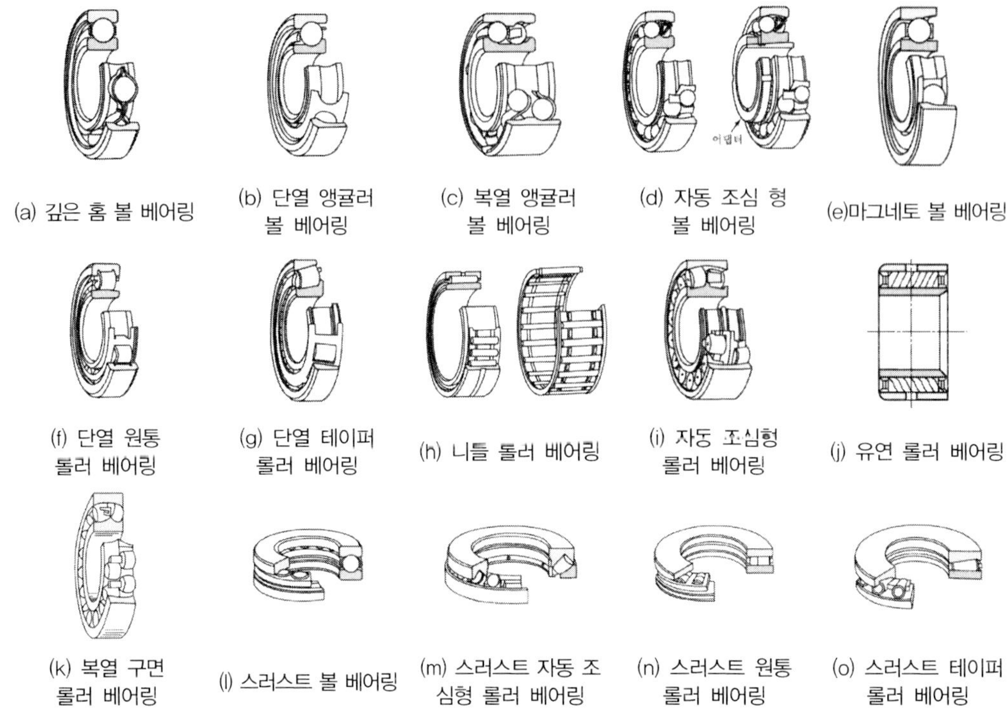

〈그림 3-10〉 구름 베어링의 종류 및 구조

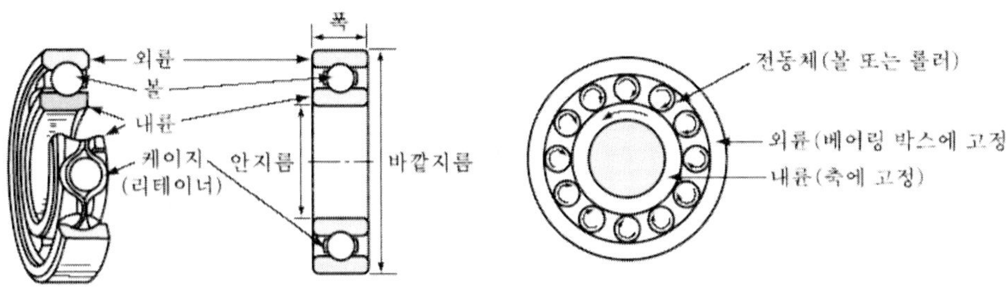

〈그림 3-11〉 볼 베어링의 구조

대부분의 레이디얼 베어링은 동시에 스러스트 하중도 받을 수 있으나 스러스트 베어링은 일반적으로 스러스트 하중만을 받는다. 볼과 롤러의 배열에 따라 베어링을 구분하면 단열(single row)과 복열(double row)이 있다.

(가) 구름 베어링의 장점

① 마찰저항이 적어 동력 손실이 적다.
② 오일 공급(급유)이 편리하고 밀봉장치의 교정이 쉽다.
③ 베어링 저널의 길이를 짧게 할 수 있다.
④ 과열의 위험이 적고, 고속회전이 가능하다.
⑤ 축의 중심을 정확히 유지할 수 있다.
⑥ 마모가 적고, 높은 정밀도를 장기간 유지할 수 있다.
⑦ 베어링 길이가 짧아 기계를 소형화할 수 있다.
⑧ 제품이 규격화되어 사용이 편리하다.

(나) 구름 베어링의 단점

① 값이 비싸고, 충격에 약하다.
② 축사이가 매우 짧은 곳에서는 사용할 수 없다.
③ 소음이나 진동이 발생하기 쉽다.
④ 수명이 비교적 짧다.

(다) 구름 베어링의 호칭번호 : 구름 베어링의 치수에는 mm치수는 ISO에 의하여 국제적으로 표준화되어 있다. 호칭번호는 KS B 2012 D P 의하여 다음과 같다.

형식번호	치수기호(나비와 지름기호)	안지름 번호	등급기호

① 첫 번째 숫자(형식번호)
1 : 복열 자동 조심 형
2, 3 : 복열 자동 조심 형(큰 나비)
6 : 단열 홈 형
7 : 단열 앵귤러 컨텍트 형
N : 원통 롤러 형

② 두 번째 숫자(치수기호)
0, 1 : 특별 경하중 형
2 : 경 하중 형
3 : 중간 하중 형
4 : 고 하중 형

③ 세 번째 숫자, 네 번째 숫자(안지름 번호)

00 : 안지름 10mm

01 : 안지름 12mm

02 : 안지름 15mm

03 : 안지름 17mm

안지름 20mm 이상 500mm 미만은 안지름을 5로 나눈 수가 안지름 번호(2자리)이다.

예 안지름 번호 05 : 안지름 25mm

안지름 번호 16 : 안지름 80mm

예

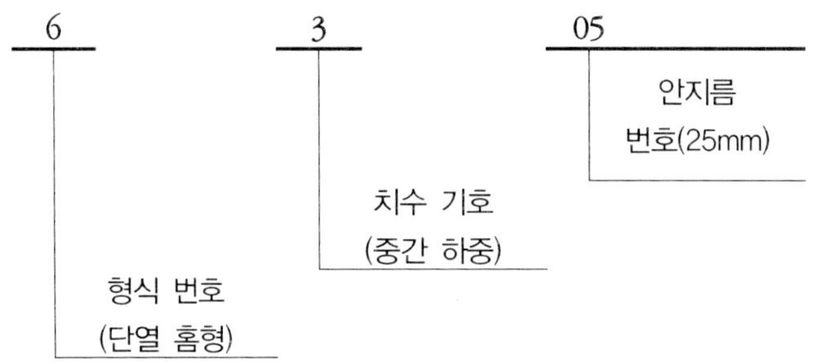

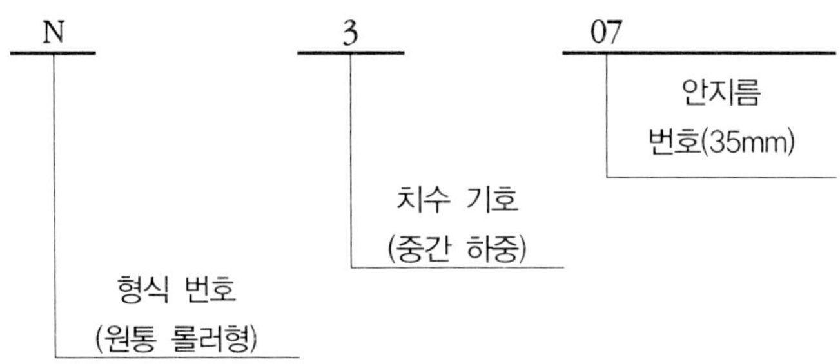

④ 다섯째 이후의 기호 : 등급기호

무 기호 : 보통 급

H : 상급

P : 정밀 급

SP : 초정밀 급

2. 베어링의 수명시간

가. 베어링 수명 정의

레이스(race)나 전동체의 어느 것이든 피로에 의해 표면이 박리(flake, 표면이 얇게 벗겨지는 현상)될 때까지의 총 회전속도로 정의한다.

나. 정격 수명

같은 호칭번호의 베어링 그룹을 운전조건을 일정하게 하고 일정한 하중을 가하였을 때 90%가 시동 후 피로에 의한 최초의 박리가 생기지 않고 도달할 수 있는 총 회전수를 말한다.

다. 기본부하 용량

안 레이스가 회전하고 바깥 레이스가 정지한 상태에서 100만 회전(33.3rpm, 500시간 작동)이 되는 하중을 기본 부하 용량이라 한다.

(1) 베어링의 계산수명

$$L_n = (\frac{C}{P})^r \times 10^6$$

(2) 볼 베어링 수명시간

$$L_h = 500(\frac{C}{P})^3 \times \frac{33.3}{N} = \frac{16650}{N} \times (\frac{C}{P})^3$$

(3) 롤러 베어링 수명시간

$$L_h = 500(\frac{C}{P})^{\frac{10}{3}} \times \frac{33.3}{N} = \frac{16650}{N} \times (\frac{C}{P})^{\frac{10}{3}}$$

여기서 L_n: 베어링의 계산 수명, L_n =베어링의 수명 시간, P: 베어링의 하중(kgf)
C: 기본 부하 용량(kgf), N: 베어링의 회전 수(rpm)

3. 베어링 압력

가. 레이디얼 저널(radial journal)의 압력

$$P = \frac{W}{dl}(kg/mm^2)$$

여기서 P: 베어링 압력, W: 베어링의 하중, d: 저널의 지름
l: 저널의 길이

나. 스러스트 저널(thrust journal)의 압력

(1) 피벗저널(pivot journal)

(가) 실제축의 경우

$$P = \frac{W}{\frac{\pi d^2}{4}}$$

(나) 중공원 축의 경우

$$P = \frac{W}{\frac{\pi}{4}(d_2^2 - d_1^2)}$$

(2) 칼라 스러스트 저널(collar journal)

$$P = \frac{W}{\frac{\pi}{4}(d_2^2 - d_1^2)Z}$$

여기서 d_1: 저널의 안지름(mm), d_2: 저널의 바깥지름(mm), Z: 칼라수

제 4 장

전동용 기계요소

제1절 기어(gear)
제2절 감아 걸기 전동
제3절 마찰차(friction wheel)

제 1 절 기어(gear)

1. 기어의 개요

기어는 바깥둘레의 접촉면에 같은 간격으로 요철(凹凸)부분을 만든 바퀴이며, 이 돌기(凸기)부분을 기어의 이(齒, tooth)라 하고 그 바퀴를 기어라 한다. 구동축과 피동 축에 기어를 설치하여 이가 서로 물려서 구동축의 운동을 피동 축으로 전달하는 기계부품이다. 따라서 기어는 강력한 전달력과 정확한 속도비를 가지고 회전운동을 전달할 수 있다. 기어는 서로 물려서 회전하므로 미끄럼이 없는 마찰차가 구름접촉을 하며 회전하는 것과 같다. 이 구름접촉을 하고 있는 면을 기어에서 가상하여 이것을 피치면(pitch surface)라 한다. 기어를 이용한 동력의 전달은 두 축 사 이의 거리가 비교적 짧은 경우에 널리 사용되며 기어 전동은 마찰 전동과 비교해 볼 때 다음과 같은 특징이 있다.

① 전동이 확실하고, 큰 동력을 전달할 수 있다.
② 축 압력이 작으며 전동효율이 높다.
③ 회전비가 정확하고 큰 감속을 얻을 수 있다.
④ 충격음을 흡수하는 성질이 약하므로 소음과 진동이 발생한다.

2. 기어의 종류

가. 두 축이 서로 평행한 기어

(1) **스퍼 기어(spur gear, 평 기어)** : 이 끝이 직선이고 축과 평행한 원통기어로 평 기어라고도 한다.

(2) **헬리컬 기어(helical gear)** : 헬리컬 기어는 이 끝이 나선형으로 된 원통기어로, 여러 개의 이를 물릴 수 있어 충격, 소음, 진동이 적으며 큰 토크를 전달할 수 있으나 축이 측압을 받는 결점이 있다.

(3) **이중 헬리컬 기어(double helical gear)** : 더블 헬리컬 기어는 방향이 서로 반대인 헬리컬 기어를 같은 축에 일체로 한 것이며 축 방향의 압력을 제거할 수 있다.

(4) **래크와 피니언(rack & pinion) :** 래크와 피니언의 래크는 직선운동을 하고, 피니언은 회전운동을 하는 것이며, 래크는 기어의 지름이 무한대(∞)이다.

(5) **내접 기어(internal gear) :** 내접 기어는 회전방향이 같고, 큰 감속비를 필요로 할 때 사용한다.

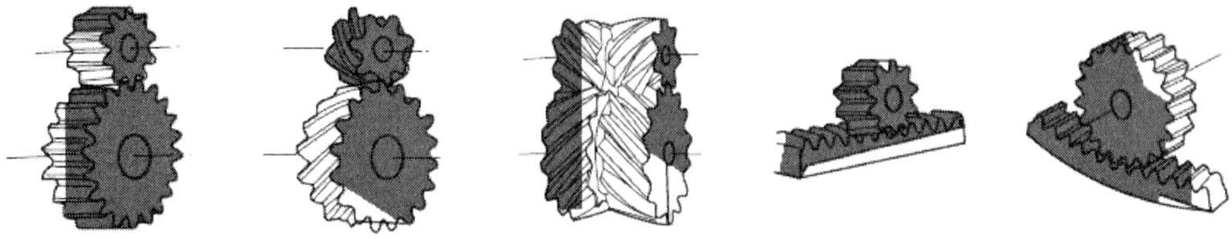

(a) 스퍼 기어　(b) 헬리컬 기어　(c) 이중 헬리컬 기이　(d) 랙과 피니언　(e) 내접 기어

〈그림 4-1〉 두 축이 평행한 기어의 종류

나. 두 축이 만나는 기어

(1) **직선 베벨 기어(bevel gear) :** 직선 베벨 기어는 기어면이 원뿔형이며, 토크를 직각으로 전달하고자 할 때 사용한다. 즉 두 축이 직각으로 교차하여 맞물려 회전한다.

(2) **헬리컬 베벨 기어(helical bevel gear) :** 헬리컬 기어는 이가 원뿔면의 모선과 경사진 기어이다.

(3) **스파이럴 베벨 기어(spiral bevel gear) :** 스파이럴 베벨 기어는 이가 선회하는 형태로 되어 전동이 조용하다.

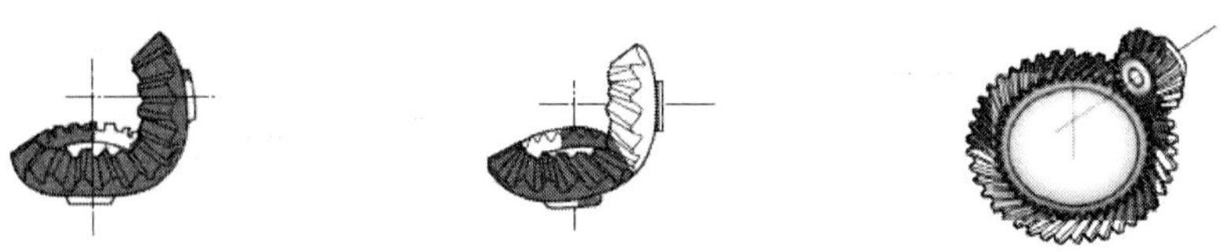

(a) 직선 베벨 기어　(b) 헬리컬 베벨 기어　(c) 스파이럴 베벨 기어 기어

〈그림 4-2〉 두 축이 만나는 기어의 종류

다 두축이 만나지도 평행하지도 않는 기어

(1) **스크루 기어(screw gear) :** 스크루 기어는 헬리컬 기어의 축을 엇갈리게 한 것이다.

(2) **하이포이드 기어(hypoid gear) :** 하이포이드 기어는 기어의 이빨이 쌍곡선으로 되어 있으며, 피니언이 중심 선상 아래쪽에 설치된 것이다. 베벨 기어보다 큰 동력을 전달할 수 있다.

(3) **웜과 웜 기어(worm & worm gear) :** 웜과 웜 기어의 웜은 1~2줄 이상의 줄 수를 가진

나사모양의 것이며, 이것과 물리는 것이 웜 기어이다. 특징은 소형이고 큰 감속비를 얻을 수 있으며, 물림이 조용하고, 원활 하며, 역회전이 불가능하다. 그러나 전동 효율이 낮다.

(4) **헬리컬 크라운기어(heical crown gear)** : 90°의 기준 원추 각을 가지고 있줄이 나선인 기어를 말한다.

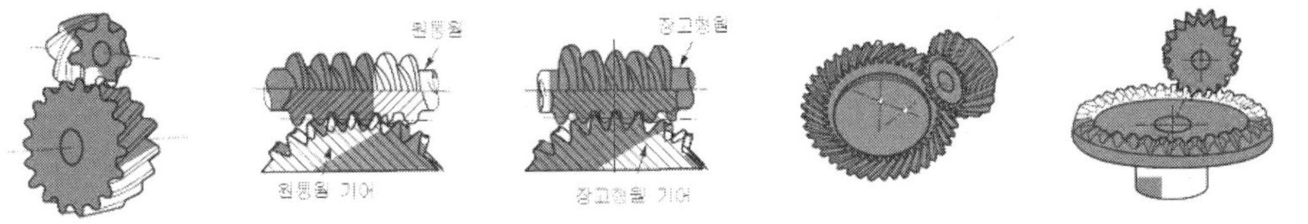

(a) 스크루 기어　(b) 원통 웜 기어　(c) 장고형 웜 기어　(d) 하이포이드 기어　(e) 헬리컬 크라운 기어

〈그림 4-3〉 두 축이 어긋난 기어의 종류

3. 기어의 각부 명칭

(1) **피치 원(pitch circle)** : 기어는 마찰차에 요철을 붙인 것이므로 원통 마찰차로 가상을 할 때 마찰차가 접촉하고 있는 원에 상당하는 것이 피치원이다. 즉, 기어의 중심이 되는 원이다.

(2) **원주 피치(circular pitch)** : 피치원 위에서 측정한 2개의 이웃하는 이에 대응하는 부분간의 거리이다.

(3) **기초 원(base circle)** : 이 모양 곡선을 만드는 원이다.

(4) **이 끝 원(addendum circle)** : 기어의 이 끝을 연결하는 원이다.

(5) **이 뿌리 원(tooth circle)** : 기어의 이뿌리를 연결하는 원이다.

(6) **이끝 높이(addendum)** : 피치원에서 이끝원까지의 거리이다.

(7) **이뿌리 높이(dedendum)** : 피치원에서 이뿌리원까지의 거리이다.

(8) **총 이 높이(height of tooth)** : 이끝 높이와 이뿌리 높이를 합한 크기이다.

(9) **이 두께(tooth thickness)** : 피치원에서 측정한 이의 두께이다.

(10) **유효 이 높이(working depth)** : 서로 물린 한 쌍의 기어에서 두 기어의 이끝 높이의 합이다.

(11) **클리어런스(clearance)** : 이끝원에서부터 이것과 물리고 있는 기어의 이뿌리원까지의 거리이다.

(12) **백 래시(back lash)** : 한 쌍의 기어를 물렸을 때 이의 뒷면에 생기는 간격이다.

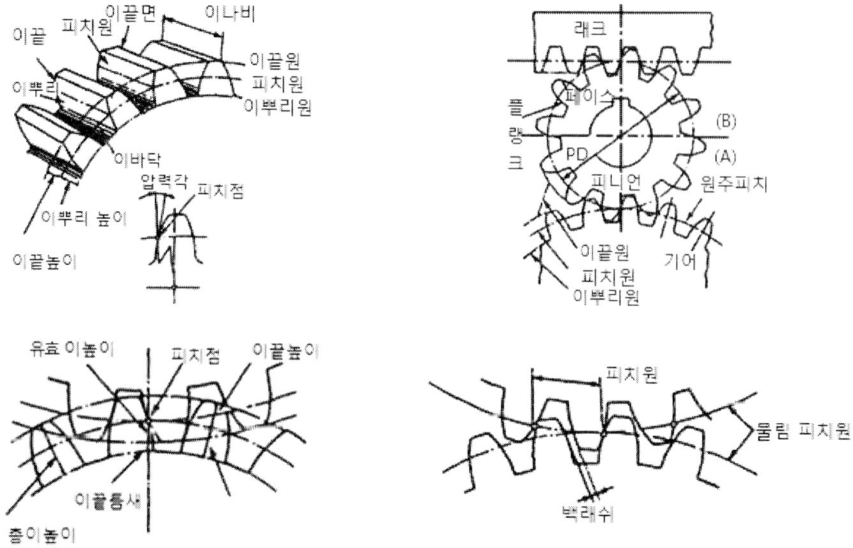

〈그림 4-4〉 기어 각부의 명칭

4. 이의 크기

(1) **원주 피치(P)** : 피치원의 원주를 잇 수로 나눈 것으로 근래에는 많이 사용하지 않는다.

$$P = \frac{\text{피치원 둘레}}{\text{잇수}} = \frac{\pi D}{Z} = \pi m$$

(2) **모듈(m)** : 모듈이란 피치원의 지름(D)을 이수(Z)로 나눈 값이며, 같은 기어에서 모듈이 클수록 이수는 적어지고, 이는 커진다.

$$m = \frac{\text{피치원 지름}}{\text{잇수}} = \frac{D}{Z} = \frac{P}{\pi}$$

(3) **지름 피치($D \cdot P$)** : 지름 피치는 모듈과 반대되는 것으로 잇 수를 피치원의 지름으로 나눈 값으로 인치단위를 사용한다.

$$D \bullet P = \frac{\text{잇수}}{\text{피치원의 지름}} = \frac{Z}{D} \text{ inch}$$

$$D \bullet P = \frac{25.4Z}{D} = \frac{25.4}{m} = \frac{25.4\pi}{P} mm$$

5. 치형 곡선

가. 인벌류트 치형(involute tooth form)

이 치형은 원기둥(기초 원)에 감은 실을 팽팽하게 잡아당기면서 풀 때 그 실의 한 끝이 그리는 곡선이 인벌류트 곡선이다. 일반 동력전달 기계의 기어에 사용한다.

(1) **특징**

① 호환성이 우수하다.

② 치형의 제작이 용이하다.

③ 이뿌리 부분이 튼튼하다.

③ 물림에 있어 축간거리가 다소 변해도 속도비에 영향이 없다.

(2) **사이클로이드 치형**(cycloid tooth form)

피치원을 기초원으로 하여 그 위를 작은 원인 구름원이 미끄럼 없이 굴러 갈 때 이 구름원 위의 한 점이 그리는 궤적을 치형 곡선으로 만든 것이다.

(가) 특징

① 공작이 어렵고 호환성이 적다.

② 효율이 높다.

③ 접촉점에서 미끄럼이 적으므로 마모가 적고 소음이 적다.

④ 피치점이 완전히 일치하지 않으면 물림이 잘되지 않는다.

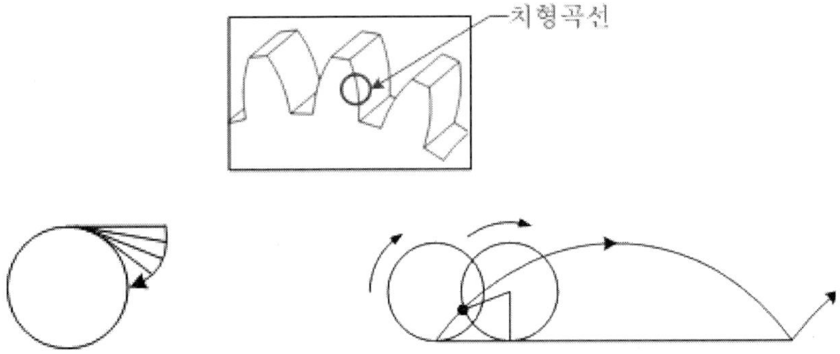

(a) 인벌류트 곡선 (b) 사이클로이드 곡선

〈그림 4-5〉 치형 곡선

6. 표준 스퍼어 기어

가. 표준 스퍼기어의 계산식

(1) **회전 비(i)**

한 쌍이 서로 물려 있는 기어에서 구동차를 A, 피동 차를 B의 기호로 나타낼 때 기어의 회전 비를 i라고 하면

$$i = \frac{N_B}{N_A} = \frac{D_A}{D_B} = \frac{Z_B}{Z_A}$$

(2) **기초원지름(D_g)**

$$D_g = Zmcos\alpha = Dcos\alpha$$

(3) **법선피치**

$$P_g = P_n = \pi mcos\alpha = \frac{\pi D_g}{Z} = Pcos\alpha$$

(4) **바깥지름(Do)**

바깥지름이란 표준 기어에서 이 끝 높이의 2배를 피치원의 지름에 합한 것이다.

$$D_O = M(2+Z) = \frac{(2+Z)}{D \cdot P}$$

(5) **중심거리(C)**

$$C = \frac{D_1 + D_2}{2} = \frac{M(Z_1 + Z_2)}{2}$$

여기서 N_A, N_B: 각 기어의 회전 수(rpm), $D_A D_B$: 각 기어의 피치원 지름
α: 압력각, P_g: 기초원의 피치(법선피치)

나. 기어의 압력각

아래 그림에 나타낸 바와 같이 기초원의 공통접선(작용선이라고도 함)과 피치원의 공통접선이 이루는 각을 말한다. 압력각의 특징은 다음과 같다.

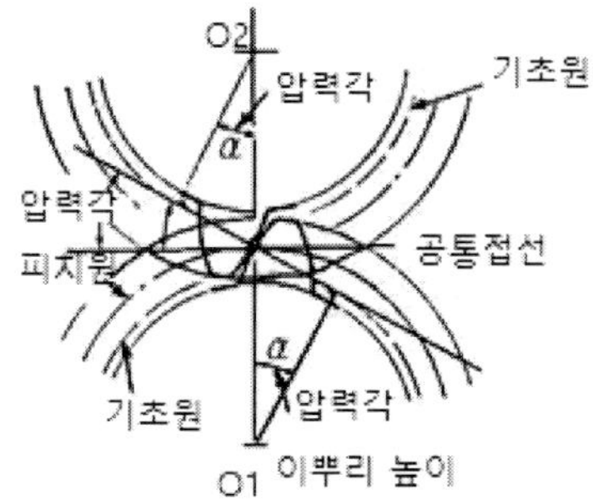

〈그림 4-6〉 기어의 압력각

① 압력각이 커질수록 기어 중심에 걸리는 분력이 커지므로 동력 손실이 증가한다.
② 압력각이 커지면 기어 물림률이 적어지고 한 번에 물리는 잇 수가 적어져 진동이나 소음이 발생하기 쉽다.
③ 압력각이 커지면 피치원상의 이 두께는 같아도 기초원이 작아지므로 이뿌리가 굵어지며, 반대로 압력 각이 적으면 이뿌리는 가늘어진다.
④ 일반적으로 압력각은 14.5° 와 20° 가 가장 많이 사용되고 있었으나 치형의 언더 컷 현상 때문에 이뿌리의 두께가 얇아지는 것을 방지하기 위해서 KS에서는 압력 각을 20°로 규정하고 있다.

다. 기어의 물림 률

기어의 이와 이가 물리기 시작하여 끝 날 때까지의 피치 원상의 원호를 접촉호라고 하며, 그 접촉호의 길이를 원주 피치로 나눈 값을 물림률 이라고 한다.
그러나 인벌루트 기어에서는 물림 길이를 법선 피치(기초원의 원호에 따라서 측정한 피치)로 나눈 값과 같으므로 실제로는 물림률 = 물림 길이/법선 피치라고 생각하여도 된다. 일반적으로 그 값은 1.2 ~ 2.5 정도이나 실제로는 2.0 ~ 2.5가 가장 원활하게 물린다.

라. 치형의 간섭

치형의 간섭이란 서로 맞물리고 있는 기어의 한쪽 끝이 상대 기어의 이 뿌리 부분에 닿아 정상적인 회전을 방해하는 것이며 방지방법은 이의 높이(어덴덤)를 낮추고, 압력 각을 20° 이상으로 크게 하며, 치형의 이 끝면을 깎아내야 하며, 피니언의 반지름 방향의 이뿌리 면을 파낸다.

마. 언더컷(under cut)

언더컷이란 이의 간섭으로 이 끝부분이 이뿌리 부분에 파고 들어갈 때 깎여지는 현상이며,

언더컷을 방지하기 위한 한계 이수는 압력 각을 크게 하거나 이 끝 높이를 표준보다 낮게 하여야 한다.

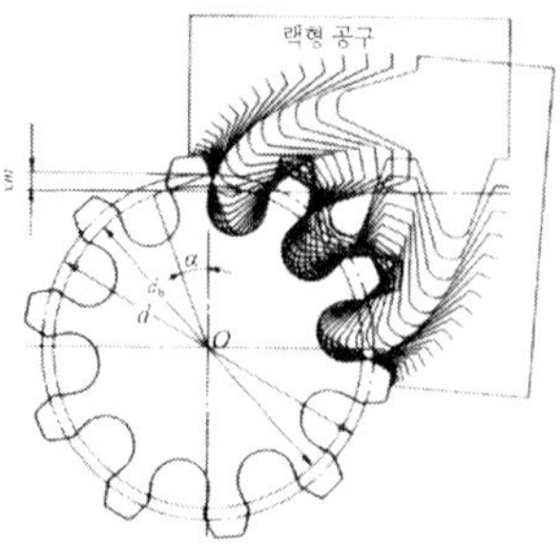

〈그림 4-7〉 기어의 언더컷

바. 전위(轉位) 기어(shifted gear)

(1) **정의 :** 잇수가 적은 기어를 절삭하거나 언더컷을 방지하기 위하여 표준이의 래크 공구로 표준 절삭 량 보다 낮게 절삭하여 기준 피치선의 피치원보다 다소 바깥 쪽으로 절삭한 기어를 전위 기어라 한다.

(2) **사용목적**

① 중심거리를 자유롭게 변화시키고자 할 때

② 언더컷을 방지하고자 할 때

③ 이의 강도를 개선하고자 할 때

(3) **전위 계수(x)**

$$x = 1 - \frac{Z}{2} sin^2 \alpha$$

$$\text{전위량} = x \cdot m(\text{전위계수} \times \text{모듈})$$

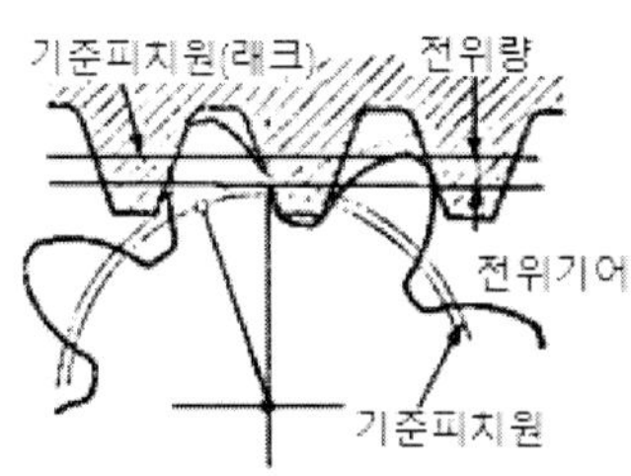

〈그림 4-8〉 전위 기어

사. 치차 열

회전방향을 바꾸거나, 임의의 위치에 있는 두 축 사이에 운동을 전달하기 위하여 한 쌍의 기어 사이에 다른 기어를 배열하여 사용한다. 이와 같이 기어를 순차적으로 물리게 하여 회전을 전달하는 장치를 치차 열(gear train)이라 한다.

(1) 단식 치차 열

① $i = \dfrac{N_2}{N_1} = \dfrac{Z_1}{Z_2}$ 〔그림4-9 (a)〕

② $i = \dfrac{N_2}{N_1}\dfrac{N_3}{N_2} = \dfrac{N_3}{N_1} = \dfrac{Z_1}{Z_3}$ 〔그림4-9 (b)〕

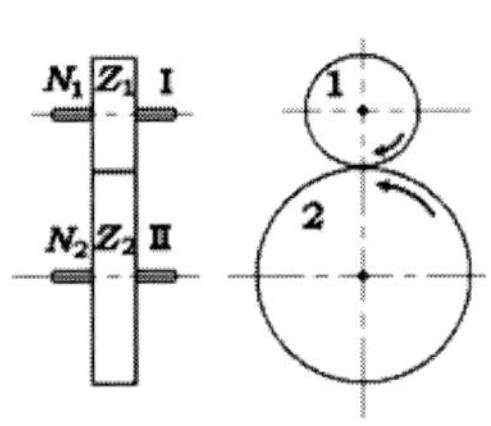

(a)

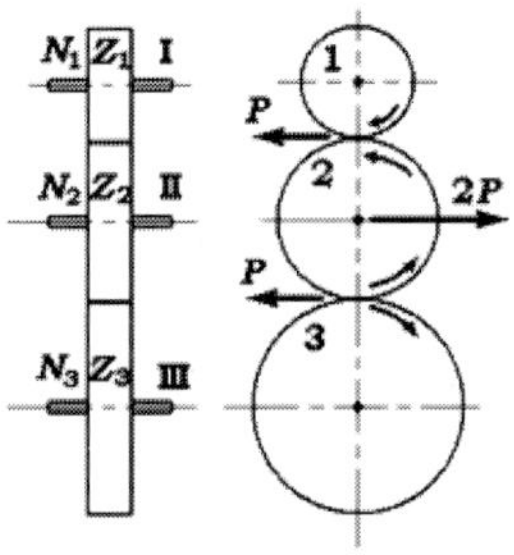

(b)

〈그림 4-9〉 단식 치차열

(2) 복식 치차 열

$$i = \frac{\text{원동치차의 잇수의 곱}}{\text{종동치차의 잇수의 곱}}$$

$$i = \frac{N_4}{N_1} = \frac{N_2}{N_1} \cdot \frac{N_4}{N_3} = \frac{Z_1}{Z_2} \cdot \frac{Z_3}{Z_4}$$

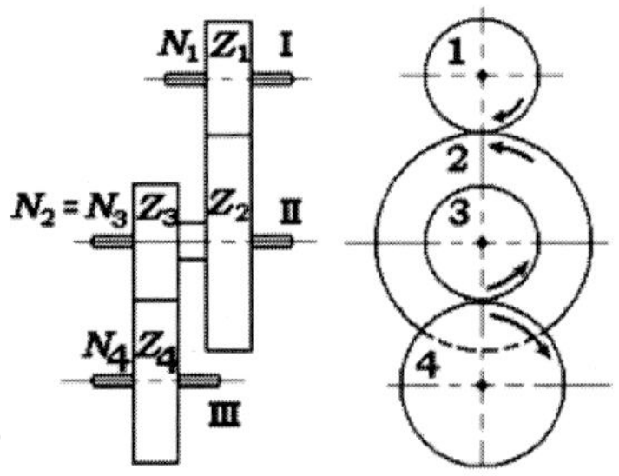

〈그림 4-10〉 복식 치차열

〈표 4-1〉 표준 스퍼어 기어의 각부 계산식

각부의 명칭	모듈(m)	지름피치(DP)기준	비고
피치원지름(D)	Zm	$\frac{Z}{DP}$	
이끝높이(a)	m	$\frac{1}{DP}$	KS규격에서는 어덴덤
이뿌리높이(d)	$1.25m$ 이상	$\frac{1.25}{DP}$ 이상	KS규격에서는 디덴덤
총 이높이(h)	$2.25m$ 이상	$\frac{2.25}{DP}$ 이상	
이끝틈새(CK)	km(k는 0.5이상)	$\frac{k}{DP}$(k는 0.25이상)	k : 이끝 틈새 계수
바깥지름(D_O)	$m(Z+2)$	$\frac{2+Z}{DP}$	
중심거리(C)	$\frac{(Z_1+Z_2)}{2}$	$\frac{Z_1+Z_2}{2DP}$	
피치 (p)	πm	$\frac{\pi}{DP}$	
이두께(t)	$\frac{\pi m}{2}$	$\frac{\pi}{2DP}$	

7. 기어의 설계

가. 스퍼어 기어

(1) 기어의 휨 강도(루이스식)

$$F = \frac{102P}{V} = \frac{75H}{V}$$

$$F = \sigma_b \cdot b \cdot m \cdot y$$

$$\sigma_b = \frac{F}{b \cdot m \cdot y}$$

여기서 F: 기어를 돌리는 힘(kg), P: 전달 동력(kw), H: 전달 마력(PS, HP)
V: 피치원 위의 원주속도($m/\sec$), σ_b: 휨 응력(kg/mm^2)
b: 이의 나비(mm), y: 치형 계수, m: 모듈(mm)

(2) 잇면의 압력강도

$$F = f_b \cdot K \cdot D_1 \cdot b \cdot \frac{2Z_2}{Z_1 + Z_2}$$

$$= f_v \cdot K \cdot m \cdot b \cdot \frac{2Z_1 \cdot Z_2}{Z_1 + Z_2}$$

여기서 F: 전달력(kg), f_v: 속도 계수, K: 접촉면 응력 계수(kg/mm^2)
m: 모듈(mm), D_1: 작은 기어의 피치원 지름(mm)
b: 이의 나비(mm), Z_1, Z_2: 작은 기어, 큰 기어의 잇수

나. 헬리컬 기어

(1) 헬리컬 기어의 특징

① 고속운전에 적합하다.
② 평기어보다 물림길이가 길고 치의 강도면에서 유리하다.
③ 큰 회전 비를 얻을 수 있다.(1/10~1/15)
④ 전동효율이 좋다.

(2) 헬리컬기어의 치 형

(가) 축 직각 방식

축 직각 방식은 기어축에 직각인 단면의 치형을 기준래크의 치형으로 표시하는 방법이다.

(나) 이 직각 방식

이 직각방식은 이 줄에 직각인 단면의 치형을 기준래크의 치형으로 표시한 방식이다. 호빙머신 등으로 기어를 절삭할 때 적용한다.

(다) 축 직각 모듈 m_s와 이 직각 모듈m_n 관계식

$$P_n = P_s \cos\beta$$

$$m_n = \frac{P_n}{\pi} = \frac{P_s}{\pi} cos\beta = m_s \cos\beta$$

여기서 β: 비틀림 각(°), $m_s m_n$: 축 또는 이의 직각 기준 모듈

α_s, α_n: 축 또는 이의 직각 기준 기어 압력삭(°)

$P_s P_n$: 축 또는 이의 직각 기준 원주 피치

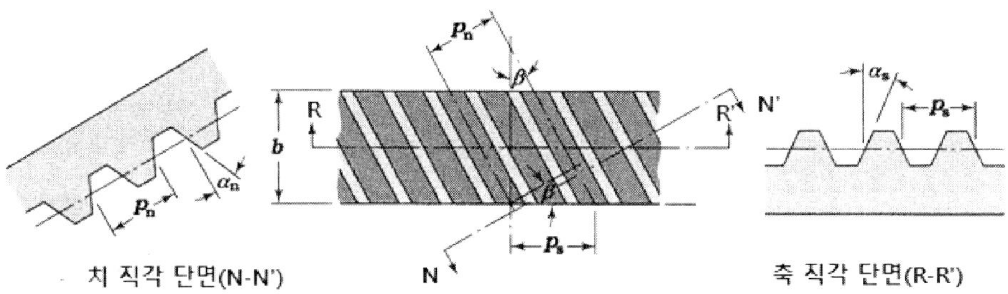

〈그림 4-11〉 헬리컬 기어의 기준래크

(3) 헬리컬 기어의 설계

(가) 모듈

$$m_s = \frac{m}{\cos\beta}$$

(나) 압력 각

$$\tan\alpha_s = \frac{\tan\alpha}{\cos\beta}$$

(다) 피치원 지름

$$D_s = Zm_s = Z\frac{m}{\cos\beta} = \frac{Zm}{\cos\beta} = \frac{D}{\cos\beta}$$

㈑ 바깥 지름(D_o)

$$D_o = D_s + 2m = Zm_s + 2m = (\frac{Z}{\cos\beta} + 2)m$$

㈒ 중심 거리

$$C = \frac{D_{s1} + D_{s2}}{2} = \frac{Z_1 m_s + Z_2 m_2}{2} = \frac{(Z_1 + Z_2)m}{2\cos\beta}$$

⑷ 헬리컬 기어의 강도 계산

㈎ 헬리컬 기어의 상당 평 기어(Z_e)

$$Z_e = \frac{D_e}{m} = \frac{D}{mcos^2\beta} = \frac{Z}{\cos^3\beta}$$

여기서 D_e: 상당 평기어의 피치원

㈏ 원주 속도(v)

$$v = \frac{\pi D_{s1} N_1}{60 \times 1000} = \frac{\pi D_{s2} N_2}{60 \times 1000} (m/\sec)$$

여기서 D_s 축 직각의 피치원 지름

㈐ 스러스트 하중(W_2)

$$W_t = F\tan\beta$$

㈑ 전달 동력

$$H = \frac{Fv}{75} PS, \quad H' = \frac{Fv}{102} KW$$

다. 웜과 웜 기어

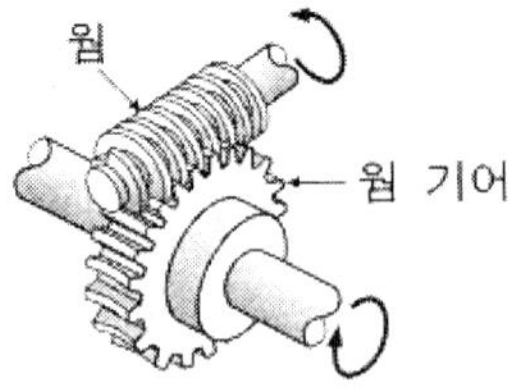

〈그림 4-12〉 웜과 웜 기어

(1) 웜 기어 장치의 특징

(가) 장점

① 큰 감속비가 얻어진다.(1/10 ~ 1/100)

② 부하 용량이 크다.

③ 역전방지를 할 수 있다.

④ 소음과 진동이 적다.

(나) 단점

① 효율이 낮다.(40 ~ 50%)

② 웜 휠은 연삭할 수 없다.

③ 호환성이 없다.

④ 웜휠의 공작에는 특수 공구가 필요하다.

⑤ 웜휠의 정도 측정이 곤란하다.

(2) 속도 비(i)

$$i = \frac{Z_1}{Z_2} = \frac{N_2}{N_1} = \frac{l}{\pi \cdot D_2}$$

여기서 $Z_1 : \frac{\pi D_2}{p} =$ 웜 기어 잇수, $Z_1 : \frac{l}{p}$: 웜 줄수(물린 산 수)

D_1: 웜 기어의 피치원 지름, l: 웜 리드

제 2 절 감아 걸기 전동

1. 감아 걸기 전동의 개요

벨트와 로프 및 체인전동 등을 감아 걸기 전동장치라 한다. 감아 걸기 전동장치는 구동축과 피동축사이의 거리가 비교적 멀리 떨어져 있어 마찰차나 기어 등으로 직접 전달하기 쉬운 경우에 탄성(flexible)이 있는 벨트나 로프 또는 체인 등을 이용하여 두 축에 마련된 풀리에 걸어 풀리와의 마찰이나 풀리에 마련된 돌기와 물려서 동력과 회전을 전달하는 장치이다. 즉, 두 축 사이의 거리가 멀거나 또는 정확한 속도 비를 필요로 하지 않는 동력 전달에 사용된다. 형상으로는 평 벨트와 V벨트가 있고, 평 벨트의 축간거리는 10m 이하, 속도

비는 1 : 1 ~ 6, 속도는 10 ~ 30(최 대 50)m/s이다. 또한 V벨트 전동의 축간거리는 5m 이하, 속도 비는 1 : 1 ~ 7, 속도는 10 ~ 15(최대 25)m/s 에 적합하다.

2. 평 벨트 전동

평 벨트는 충분한 유연성과 탄력성이 필요하므로 가죽, 직물, 고무 및 강철 등의 벨트가 사용되나 현재로서는 고무벨트가 일반적으로 사용되고 있다.

가. 평 벨트의 종류

(1) **가죽벨트 :** 소가죽을 탄닌, 크롬 처리하여 탄성을 준 것으로 마찰계수가 크며 발열성도 좋다.

(2) **고무벨트 :** 무명 또는 인견에 고무를 침투시켜 가황한 것으로 인장강도가 크고 수명이 길다.

(3) **직물벨트 :** 무명 또는 삼, 합성 섬유 등을 이음매 없이 만든다. 저렴하고 튼튼하며 인장강도가 크나 습기에 약하다.

(4) **강철벨트 :** 압연한 얇은 강판을 두께 0.3mm ~ 1.1mm, 폭15mm ~ 250mm의 것이 쓰인다. 무게에 비하여 강하고 수명이 길고 신장률이 작아 고정밀도의 회전각 전달용 등에 쓰인다.

나. 벨트 거는 방법

(1) **평행 걸기(opened type)** : 평행하는 두 축 사이에 벨트를 평행하게 그대로 감는 방식이며 회전방향은 같은 방향이다.

(2) **십자 걸기(crossed type)** : 벨트가 도중에서 한번 서로 십자형으로 마주치게 하는 방식이며 풀리의 회전방향이 반대이다.

(a) 바로 걸기　　　　(b) 엇걸기

〈그림 4-13〉 벨트 거는 방법

다. 벨트의 회전속도 비

$$i = \frac{N_B}{N_A} = \frac{D_A}{D_B} = \frac{\omega_B}{\omega_A}$$

라. 원주 속도

$$v = \frac{\pi D_A N_A}{60 \times 1000} = \frac{\pi D_B N_B}{60 \times 1000} (m/\sec)$$

마. 벨트의 길이

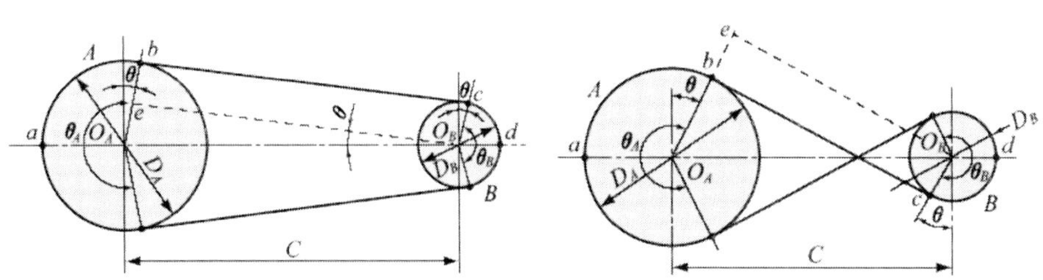

(a) 바로 걸기　　　　(b) 엇 걸기

〈그림 4-14〉 벨트의 길이

(1) **평행 걸기(opened type)**

$$L = 2C + \frac{\pi}{2}(D_A + D_B) + \frac{(D_B - D_A)^2}{4C}$$

(2) **십자 걸기(crossed type)**

$$L = 2C + \frac{\pi}{2}(D_A + D_B) + \frac{(D_B + D_A)^2}{4C}$$

여기서 L: 벨트의 소요길이, C: 축간거리 또는 중심거리

바. 벨트의 구비조건

① 탄성이 클 것
② 장력에 대하여 강할 것
③ 굽힘이 쉬울 것
④ 마찰계수가 클 것

사. 벨트의 접촉 중심각

벨트가 풀리에 감겨 접촉된 중심각을 벨트의 접촉 중심각이라 하고 미끄럼을 적게 하려면 벨트 접촉각을 크게 한다. 접촉각을 크게 하는 방법은 이완측이 원동차의 위로 되게 하고 인장 풀리를(중간지지 풀리) 사용한다.

(a) 바로 걸기　　(b) 엇 걸기

〈그림 4-15〉 벨트의 길이

아. 벨트의 장력

(1) **초기장력** : 정지시의 벨트 장력이다.

$$T_o = \frac{T_l + T_s}{2}(kg)$$

여기서 T_l: 인장측 장력, T_s: 이완측 장력

(2) **유효장력 :** 회전이 시작하여 동력이 전달되면 인장쪽 장력은 커지고 이완 쪽의 장력은 작아지는데 이차를 유효 장력이라 한다. 즉 인장 쪽의 장력에서 이완 쪽의 장력을 뺀 값이다.

$$T_e = T_l + T_s\ (kg)$$

(3) **장력 비**

$$e^{\mu\theta} = \frac{T_l}{T_s}$$

여기서 θ : rad, μ: 마찰 계수

3. V 벨트 전동

두 축에 V홈을 가진 V벨트 풀리를 고정하고 단면이 사다리꼴로 되어 있는 벨트를 몇 개 걸어 동력을 전달한다. 동력의 전달은 V벨트와 벨트 풀리 홈 사이에서 작용하는 마찰력에 의해서 행해지는데 V홈 밑에 V벨트가 접촉 하지 않게 되어야 한다. V벨트를 끼우거나 뺄 때는 한쪽으로 V벨트 풀리를 이동, 조정해야 한다.

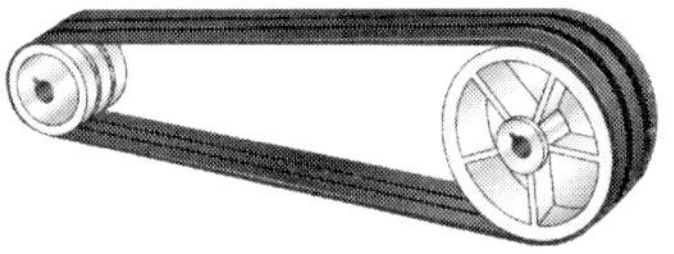

〈그림 4-16〉 V벨트

가. V 벨트의 특징

① 속도 비를 크게 할 수 있다.(7:1 ~ 10:1 까지 가능)
② 미끄럼이 적고 효율은 90 ~ 95% 정도이다.
③ 운전이 정숙하고 고속회전이 가능하다.
④ 벨트가 풀리에서 벗겨지는 일이 없다.
⑤ 장력이 작아, 베어링에 가해지는 부담이 적다.
⑥ 이음이 없어 전체가 균일한 강도를 지닌다.
⑦ 두 축 간의 중심거리가 평 벨트 보다 짧다.(2 ~ 5m정도)

나. V 벨트의 크기

(1) **규격**

단면의 크기와 전체 길이로 표시하는데 벨트의 굵기는 단면 각부의 치수로 나타내며, 각부 치수에 의해서 M, A, B, C, D, E형의 6가지 종류가 있으나 동력 전달용으로는 M형을 제외한 5가지가 사용되고 M형의 단면이 가장 적다.

(2) **호칭번호**

길이는 단면의 중앙을 지나는 유효둘레를 호칭번호로 나타내며 유효둘레와 호칭번호의 관계식은 다음과 같다.

$$\frac{\text{벨트의 유효둘레}(mm)}{25.4} = \text{호칭번호}$$

즉, 호칭번호는 유효둘레를 인치(inch)로 나타낸 것이다.

다. V 벨트 풀리

(1) **재질 :** 주철, 알루미늄, 주강

(2) **홈의 거칠기 :** 벨트의 수명, 진동에 영향을 미치므로 벨트가 접촉하는 풀리 홈의 측면은 정밀하게 다듬어야 한다.

(3) **홈과 홈 사이의 거리 :** 벨트의 나비보다 3 ~ 6mm정도 크게 한다.

4. 로프(rope) 전동

엘리베이터, 리프트, 크레인, 윈치 등 에 널 리 사용되는 동력 전달용 기구로 벨트 전동 보다 큰 동력전달에 유리하며 거리가 먼 곳으로의 동력전달이 가능하다.

가. 로프 전동의 특징

(1) **장점**

① 대 동력 전동에 쓰이며 속비는 보통 1:1 ~ 1:2 이고 큰 경우는 1:5 정도이다.
② 벨트에 비해 미끄럼이 적고, 고속운전이 가능하다.
③ 50 ~ 100m 정도의 장거리에도 동력 전달이 가능하다.
④ 1개의 원동 풀리에서 여러 종동 풀리에 전동을 할 수 있다.
⑤ 전동 경로가 직선이 아니어도 무관하다.

(2) **단점**

① 벨트와 같이 로프를 자유로이 감아 걸고 벗겨 낼 수 없다.

② 조정이 어렵고 절단 시 수리가 곤란하다.

③ 미끄럼이 있어 효율이 80 ~ 90% 정도이다.

나. 로프의 종류

(1) **섬유 로프(textile rope)**

(가) 무명 로프 : 연하고 습기에 약하므로 옥외에 사용이 곤란하다.

(나) 대마 로프 : 습기에는 강하나 굴곡성이 작다.(마닐라 로프가 대표적)

(2) **와이어 로프(wire rope)** : 강도 및 내구력이 크며 원거리에 큰 동력을 전달 할 수 있다.

다. 로프 꼬임방법

(1) **꼬는 방법**

(가) S꼬임 : 왼나사 방향으로 되어있는 꼬임

(나) Z 꼬임 : 오른나사 방향으로 되어있는 꼬임, 취급이 편리하며 일반적으로 사용한다.

(2) **꼬인 방향에 따른 분류**

(가) **보통 꼬임(ordinary lay)** : 보통 꼬임은 가닥과 로프의 꼬임방향이 반대인 것이며, 소선(wire)의 꼬임 경사가 급격하여 접촉면이 적고 마멸이 빠르지만 엉키어 풀리지 않아 취급이 쉬워 많이 사용되고 있다.

(나) **랭 꼬임(lang lay)** : 랭 꼬임은 스트랜드의 꼬임방향과 로프의 꼬임방향이 같은 것이며, 마모가 적고 유연성이 크며 수명이 길다. 그러나 꼬임이 풀리기 쉽고 취급에 주의해야 한다.

(a) 보통 꼬임　　　　(b) 랭 꼬임

〈그림 4-17〉 로프 꼬임의 종류

라. 로프 거는 방식

(1) 단독 방식(다선 식, 영국식)

링 모양으로 만든 로프 여러 개를 평행으로 걸어서 사용하는 것 이며, 특징은 각 로프에 균일하게 하중을 분포시키기가 어렵고 이음 부분이 굵어 진동이 일어나는 결점이 있으나, 한두 개의 로프가 끊어져도 운전 중지를 하지 않아도 되며, 로프의 수를 증가시키면 큰 동력 전달이 가능하다.

(2) 연속 방식(미국식)

연속방식은 연속된 1개의 로프로 구성되어 있어 진동이 적고, 장력을 균일하게 조정하기 쉽다. 그러나 단점으로는 로프가 끊어지면 전동이 불가능하게 되고 로프를 정비하기 위해서는 기계의 운전을 정지해야 한다.

(a) 단동 식　　　　(b) 연속 식

〈그림 4-18〉 로프 거는 방식

마. 로프 풀리(Rope Pully)

(1) 섬유 로프의 경우

① 풀리의 홈은 V홈으로 로프가 홈의 경사면에 접촉하여 마찰력으로 동력을 전달한다.

② 로프는 홈의 바닥에 접촉하지 않도록 한다.

③ 홈의 각도는 45° ~ 60° 로 한다.

④ 로프 풀리의 지름은 로프의 중심을 잇는 원의 지름으로 한다.

⑤ 로프 풀리의 재질은 주철 또는 주강을 사용한다.

(2) 와이어 로프의 경우

① 홈의 모양은 풀리의 경사면에 닿지 않고 바닥에 접촉하도록 한다.

② 홈 바닥의 둥글기 반지름은 로프의 반지름 보다 1.07배 정도 크게 한다.

③ 바닥의 접촉각은 120°정도로 하여 로프 둘레의 1/3 정도를 지지 하도록 한다.

④ 마찰을 크게 하기 위하여 홈의 바닥에 나무, 경질고무, 가죽, 베이클라이트 등을 메워둔다.

⑤ 풀리의 재질은 주철, 주강, 또는 강판 용접의 것을 사용한다.

5. 체인(chain) 전동

체인 전동은 보통 축산거리가 4m 이하에 사용하며 체인 휠에 체인을 물려서 동력을 전달한다. 주로 축간거리가 짧고 기어전동이 불가능한 경우에 사용한다.

가. 체인 전동의 특징

① 미끄럼이 없어 일정한 속도 비를 얻을 수 있다.
② 초기 장력이 필요 없으므로 베어링의 마찰 손실이 작다.
③ 내열, 내유, 내수성이 크며 유지 및 수리가 쉽다.
④ 큰 동력을 전달할 수 있고 효율이 95% 이상이다.
⑤ 어느 정도의 충격을 흡수할 수 있다.
⑥ 고속 회전에 부적당하고 저속, 대 마력에 적당하며 윤활이 필요하다.

나. 체인의 종류

(1) 롤러 체인(roller chain)

① 동력전달용 체인으로서 가장 널리 사용한다.
② 롤러체인은 롤러(roller), 핀(pin), 부시(bush)로 구성되어 있다.
③ 저속에서 고속회전까지 넓은 범위에서 사용한다.

(2) 부시체인(bush chain)

① 롤러를 없애고 롤러와 부시를 일체로 만든 간단한 구조이다.
② 체인과 스프로킷의 물림이 원활하다.

(3) 블록 체인(block chain)

① 링크와 링크사이에 블록 모양의 링크를 연결시킨 체인이다.
② 주로 수송용에 사용한다.

(4) 더불 피치 롤러체인(double pitch roller chain)

① 롤러 체인의 피치를 2배로 한 것이다.
② 저 · 중속의 중 하중에서 축간거리가 긴 경우의 반송용 체인에 사용한다.

(5) 핀틀 체인(pintle chain)

① 양쪽의 링크와 핀 삽입부를 일체로 주조하여 핀으로 연결한 체인이다.
② 경하 중, 저속 전동 또는 반송용 체인에 사용한다.

(6) 오프셋 체인(offset chain)

① 링크 판(link plate)을 구부린 오프셋 형상이다.

② 총 링크 수가 홀수 짝수의 구분 없이 고리형상으로 결합이 가능하다.

③ 충격하중의 저속 · 중 하중 전동에 많이 사용한다.

(7) 리프 체인(leaf chain)

① 여러 개의 링과 핀으로 구성

② 일반 승강기용, 평행용 및 동력전달용으로서 사용한다.

(8) 사일런트 체인(silent chain)

① 링크가 스프로킷 휠에 비스듬히 미끄러져 들어가서 맞물려 운전 중 소음이 적다.

② 특수한 구조로서 고속 · 중 하중에 사용한다.

(9) 디테쳐블 체인(detachable chain)

체인을 떼어낼 수 있도록 한 형상의 체인이다.

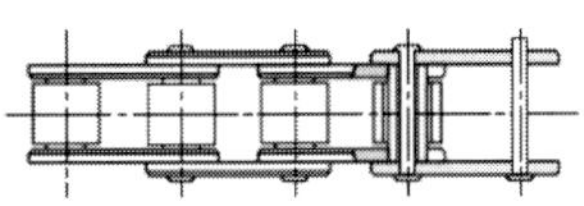

(a) 롤러 체인

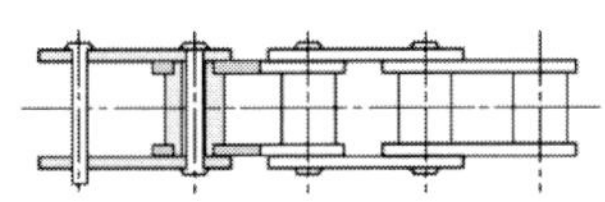

(b) 부시 체인

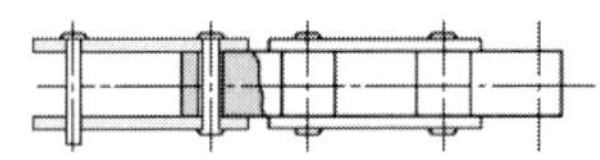

(c) 블록 체인

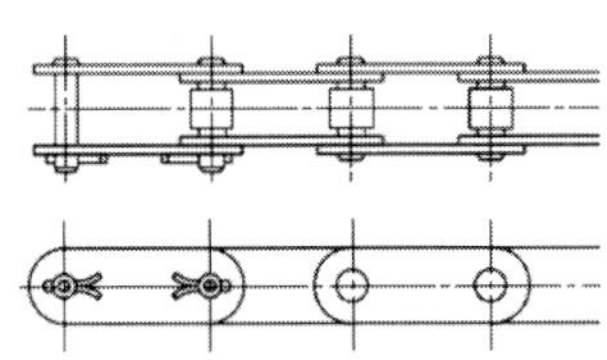

(d) 더블피치 롤러 체인

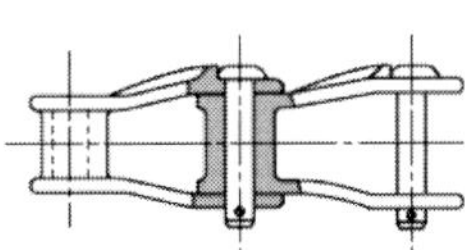

(e) 핀틀 체인

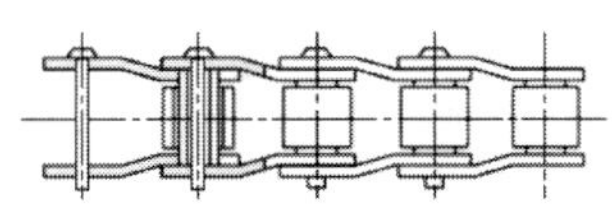

(f) 오프셋 체인

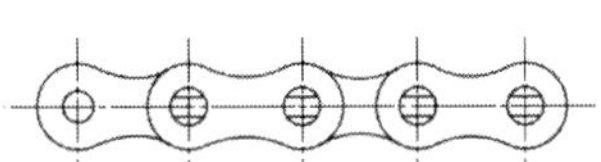

(g) 리프 체인

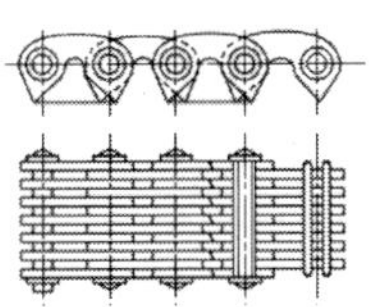

(h) 사일런트 체인

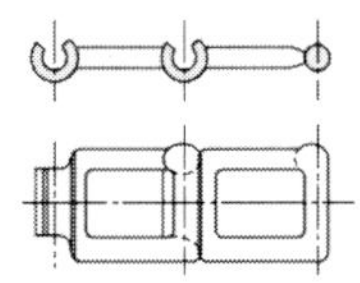

(i)디테쳐블 체인

〈그림 4-19〉 체인의 종류

다. 체인 전동의 속도 비

$$i = \frac{Z_1}{Z_2} = \frac{N_2}{N_1}$$

여기서 $N_1 N_2$: 구동차와 피동차의 회전 속도

$Z_1 Z_2$: 구동차와 피동차의 잇수

체인의 평균속도는 아래와 같다.

$$V_m = \frac{N_1 p Z_1}{1000 \times 60} = \frac{N_2 p Z_2}{1000 \times 60} (m/s)$$

여기서 p: 피치

라. 체인의 전달 동력

$$H_{ps} = \frac{P \quad V_m}{75}$$

$$H_{KW} = \frac{P \quad Vm}{102}$$

여기서 P: 체인 전동에서의 장력(kgf), H: 전동 마력

마. 체인의 길이

$$L = 2C + \frac{\pi}{2}(D_1 + D_2) + \frac{(D_2 - D_1)^2}{4C} = L_n \times P$$

$$L_n = \frac{2C}{p} + \frac{1}{2}(Z_1 + Z_2) + \frac{0.0257p(Z_2 - Z_1)^2}{C}$$

여기서 L_n: 링크의 수, P: 원주 피치

D_1, D_2: 피치원 지름($\pi D = PZ$이므로 $D = \frac{PZ}{\pi}$)

제 3 절 마찰차(friction wheel)

2개의 바퀴(원통형, 원추형 바퀴)를 직접 접촉시켜 이것을 서로 밀어붙여 그 사이에서 생기는 마찰력을 이용하여 두 축 사이에 동력을 전달하는 장치이다.

1. 마찰차의 특징 및 사용범위

가. 마찰차의 특징

① 어느 정도의 정확한 속도비로 동력을 전달할 수 있다.
② 필요 이상의 과부하가 걸리면 미끄러져 기계에 부하를 주지 않는다.
③ 큰 동력 전달에는 부적합하다.
④ 운전이 정숙하며 효율은 그다지 높지 않다.

나. 마찰차의 사용범위

① 전달하여야 할 힘이 크지 않고 속도비가 중요시 되지 않는 경우
② 회전속도가 커서 보통의 기어를 사용할 수 없는 경우
③ 두 축 사이를 자주 단속할 필요가 있을 경우
④ 무단변속을 시키는 경우와 안전장치의 역할이 필요한 경우

2. 마찰차의 종류

가. 평 마찰차

평행한 두 축 사이의 동력이 전달되며 외접 전달과 내접 전달의 경우가 있다.

나. 홈 붙이 마찰차

두 축이 평행한 경우로 큰 동력을 전달하기 위해 마찰차의 면에 V홈이 파져 있다.

다. 원추 마찰차

두 축이 구름 접촉을 하면서 어느 각도로 교차할 때 사용하는 마찰차를 원추 마찰차라 한다.

라. 변속 마찰차

(1) **원판 마찰차의 변속 :** 세로축 원판에 수평축 롤러를 접촉시키고 수평축의 롤러를 이동시키면서 변속하는 방식이다.

(2) **원추 마찰차의 변속 :** 마주하는 원뿔 마찰차사이에 롤러를 끼우고 축 방향으로 움직일 때 변속을 얻은 것이며, 롤러 대신에 벨트를 물리게 하고 벨트를 이동시켜 속도를 변화시키는 장치를 에반스식 원추 마찰차 (evan's friction cone)라고 한다.

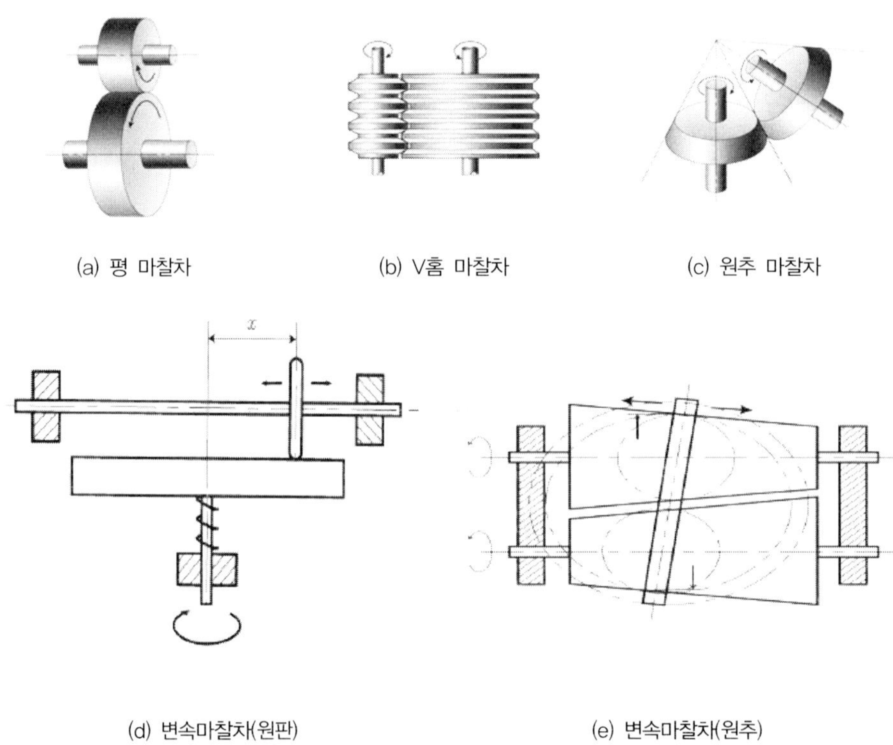

(a) 평 마찰차 (b) V홈 마찰차 (c) 원추 마찰차

(d) 변속마찰차(원판) (e) 변속마찰차(원추)

〈그림 4-20〉 마찰차의 종류

3. 마찰차의 설계

가. 평 마찰차

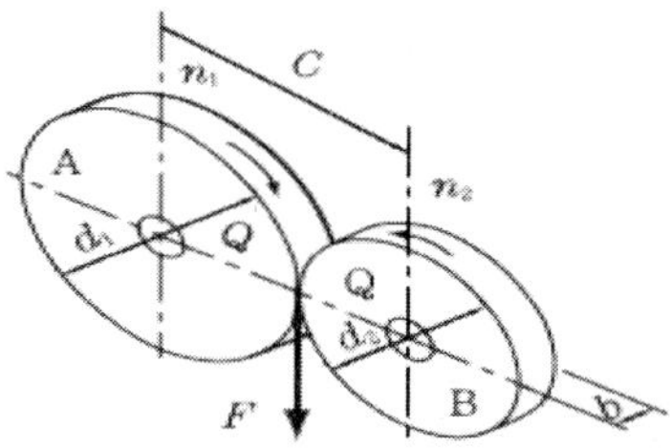

〈그림 4-21〉 평 마찰차

(1) 속도 비

$$i=\frac{n_2}{n_1}=\frac{d_1}{d_2}=\frac{\omega_2}{\omega_1}$$

(2) 중심거리

$$C=\frac{d_1 \pm d_2}{2}$$ 단, 외접은 부호: +, 내접은 부호 : −

(3) 원주 속도

$$v=\frac{\pi d_1 n_1}{60\times 1000}=\frac{\pi d_2 n_2}{60\times 1000}(m/\sec)$$

(4) 전달 토크(torque) 및 전달동력

① $T=\mu P\frac{d_2}{2}(kg \cdot mm)$

② $H=\frac{\mu p v}{75}=\frac{\mu p \pi d_1 n_1}{75\times 60\times 1000}=\frac{\mu p \pi d_2 n_2}{75\times 60\times 1000}(PS)$

$H^{'}=\frac{\mu p v}{102}=\frac{\mu p \pi d_1 n_1}{102\times 60\times 1000}=\frac{\mu p \pi d_2 n_2}{102\times 60\times 1000}(KW)$

⑸ **접촉면의 허용압력과 접촉 폭의 관계**

$$f = \frac{p}{b}(kg/mm) \quad \therefore b = \frac{p}{f}(mm)$$

여기서 P: 마찰차를 미는 힘(kg), F: 전달력($P = \mu p$), μ: 마찰계수
f: 접촉면의 허용면 압력, b: 접촉 나비(mm)

나. 원뿔 마찰차

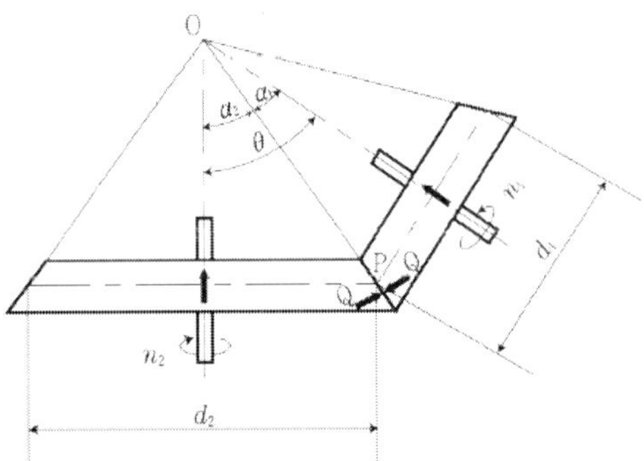

〈그림 4-22〉 원뿔 마찰차

㈎ 속도 비

$$i = \frac{n_2}{n_1} = \frac{d_1}{d_2} = \frac{\sin\alpha_2}{\sin\alpha_1}$$

㈏ 전달동력

$$P = \frac{F_1}{\sin\alpha_1} = \frac{F_2}{\sin\alpha_2}$$

① $H = \frac{\mu P v}{75} = \frac{\mu F_1 v}{75\sin\alpha_1} = \frac{\mu F_2 v}{75\sin\alpha_2}(PS)$

② $H' = \frac{\mu P v}{102} = \frac{\mu F_1 v}{102\sin\alpha_1} = \frac{\mu F_2 v}{102\sin\alpha_2}(KW)$

제5장

제어용 기계요소

제1절 스프링(spring)
제2절 브레이크(brake)

제 1 절 스프링 (spring)

탄성 한도가 높은 재료를 특수한 형상으로 변형시킨 것을 스프링(spring)이라 한다. 스프링은 변형을 함으로서 외부에서 작용한 에너지를 내부에 축적하여 사용하는 기계요소이다.

1. 스프링의 용도

① 완충용 : 차량용 현가장치, 승강기 완충 스프링 등이 있다.
② 축적에너지 이용 : 계기용 스프링, 시계의 태엽, 완구용 스프링, 축음기, 총포의 격심용 스프링 등이 있다.
③ 복원성 이용 : 밸브 스프링, 조속기 스프링 등이 있다.
④ 하중 조절용 : 스프링 와셔 등이 있다.

2. 스프링의 종류

가. 형상에 따른 분류

(1) 코일 스프링(coil spring)

하중의 방향에 따라 압축 코일 스프링(compressive coil spring)과 인장 코일 스프링(tension coil spring)으로 분류하고, 비틀림 모멘트를 받는 비틀림 코일 스프링(torsion coil spring)이 있다.

(2) 나선형 스프링(spiral spring)

얇은 강판 또는 띠 모양의 강 재료를 와권상(spiral)으로 감은 스프링이다. 시계의 태엽, 장난감의 동력용으로 사용된다.

(3) 판 스프링(leaf spring)

자동차의 현가장치로 널리 사용되며 단판과 여러 판을 겹친 겹판 스프링이 있다.

(4) 토션 바(torsion bar)

봉재를 비틀음으로서 스프링으로 사용하는 것으로 큰 에너지를 축적할 수 있고 경량이고 간단한 형상을 갖는다.

(a) 압축 코일 스프링　(b) 인장 코일 스프링　(c) 비틀림 코일 스프링

(d) 나선형 스프링　(e) 판 스프링　(f) 토션 바

〈그림 5-1〉 스프링의 종류

나. 재료에 의한 분류

탄성한도, 피로한도, 항복 한도가 높고 탄성계수가 크며 용도에 따라 내식성, 내열성, 내 충격성, 비 자성, 비 전도성이 요구된다.

(1) **금속 재료 : 스**프링 강, 피아노 선, 인청동 선, 합금강 선 등이 있고 부식을 고려하여 스테인레스 강, 구리, 합금, 고속도강이 쓰인다.

(2) **비금속 재료** : 고무, 공기, 기름 등이 있으며 완충 스프링의 재료로 중요 시 된다.

(3) **기타** : 인바, 엘린바, 니켈, 모넬, 인코넬 등이 쓰이고 있다.

3. 스프링의 용어

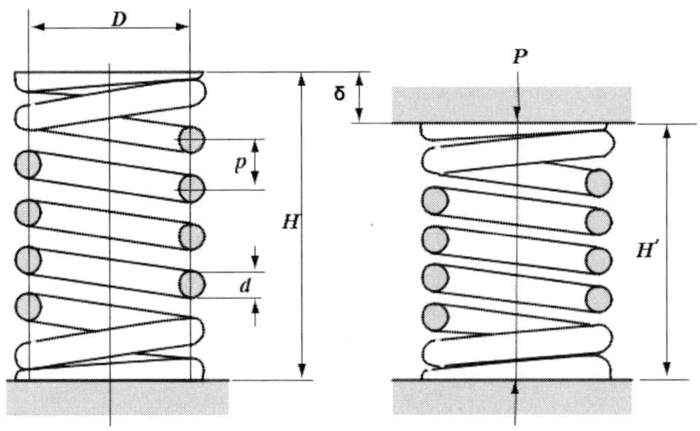

〈그림 5-2〉 코일스프링의 각부 명칭

(1) **지름 :** 코일의 평균지름(D), 코일의 안지름(D_2), 코일의 바깥지름(D_1), 소선의 지름(d)

(2) **피치(P) :** 서로 이웃하는 소선간의 중심거리

(3) **스프링 높이 :** 무 하중에서 스프링의 높이(H), 하중 상태에서 스프링 높이(H′)

(4) **처짐량(δ) :** 무 하중과 비교한 하중상태에서의 스프링의 처짐 량

(5) **코일 감김 수**

① 총 감김 수 : 코일 끝에서 끝까지 감김 수

② 자유 감김 수 : 총 감김 수에서 양쪽 끝 좌권 수를 뺀 수

③ 유효 감김 수 : 스프링으로서 기능을 발휘하는 부분의 감김 수

(6) **스프링 상수 :** 스프링의 세기를 나타내며 스프링 상수가 크면 잘 늘어나지 않는다.

$$k = \frac{\text{하중}(W)}{\text{휨 변형량}(\delta)}(kg/mm)$$

(7) **스프링 지수 :** 코일의 평균 지름과 소선지름과의 비를 말한다.

$$c = \frac{\text{코일의 평균 지름}(D)}{\text{소선의 지름}(d)}$$

(8) **스프링의 종횡 비 :** 코일의 평균 지름과 코일에 하중이 없을 때의 자유 높이와의 비를 말한다.

$$K = \frac{\text{코일의 평균 지름}(D)}{\text{자유높이}(H)}$$

4. 스프링의 특성

가. 스프링 하중

$$P = K\delta$$

여기서 P: 스프링 하중(kgf), K: 스프링 상수, δ: 변형량

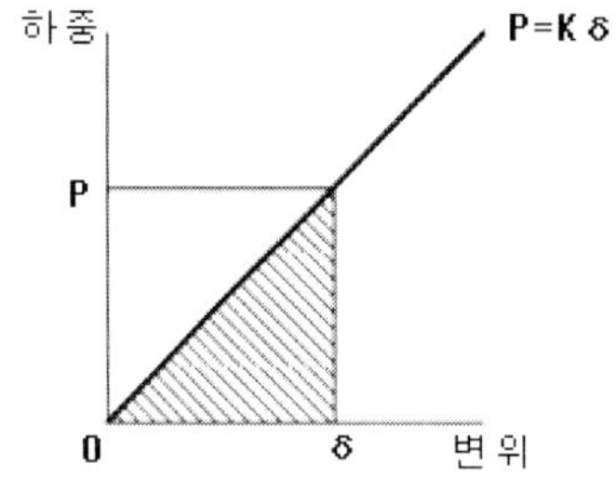

〈그림 5-3〉 스프링의 변형

하중에 의하여 일어나는 일 $U(kg \cdot mm)$

$$U = \frac{1}{2}P\delta = \frac{1}{2}K\delta^2$$

나. 스프링 상수가 k_1, k_2인 2개를 접속할 때 스프링 상수

(1) **병렬의 경우 :** $k = k_1 + k_2$

(2) **직렬의 경우 :** $\dfrac{1}{k} = \dfrac{1}{k_1} + \dfrac{1}{k_2}$

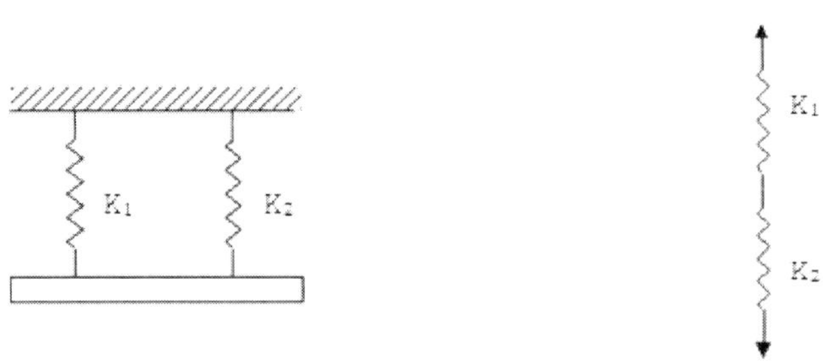

(a) 병렬 (b) 직렬

〈그림 5-4〉 스프링의 상수

5. 스프링의 설계

가. 코일스프링

(1) 스프링의 강도

(가) 전단응력

$$T = \tau Z_P = \frac{\pi}{16} d^3 \tau$$

$$\therefore \tau = \frac{16\gamma W}{\pi d^3} = \frac{8DW}{\pi d^3}$$

(나) 스프링 처짐

$$\delta = R\theta \frac{n\pi D^3 W}{4GI_P} = \frac{8nR^3 W}{Gd^4} = \frac{64nR^3 W}{Gd^4}$$

(2) 스프링의 지수

$$C = \frac{2R}{d} = \frac{D}{d}$$

(3) 스프링상수

$$k = \frac{W}{\delta} = \frac{Gd^4}{8D^3 n} = \frac{Gd}{8nC^3} = \frac{GD}{8nC^4} = \frac{Gd^4}{64nR^3}$$

(4) 에너지의 계산

$$U = \frac{W\delta}{2} = \frac{32nR^3 W^2}{Gd^4} = \frac{{V_T}^2}{4K^2 G}$$

여기서 d: 소선의 지름, D: 코일의 평균 지름(mm), W: 하중(kgf)
δ: 스프링의 처짐(mm), p: 코일의 피치(mm)
n: 유효 권 수, θ: 비틀림 각, V: 스프링 재료의 부피

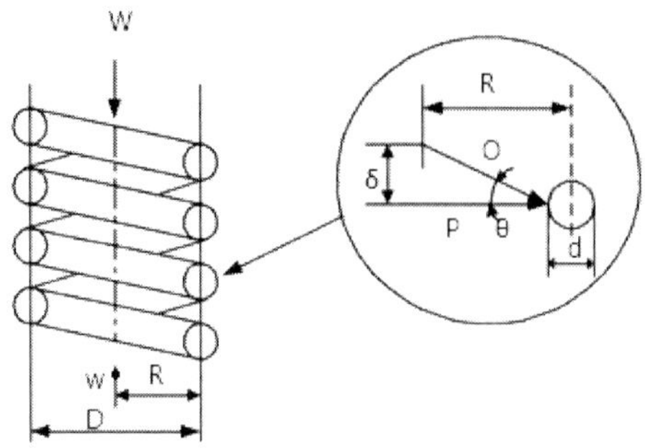

〈그림 5-5〉 코일 스프링

나. 판스프링

(1) 단일 판스프링

(가) 굽힘 응력 : $\sigma_b = \dfrac{6Wl}{bh^2}$

(나) 자유단에 생기는 처짐 량 : $\sigma_b = \dfrac{6Wl^3}{bh^3E}$

(다) 고정단의 너비 : $b = \dfrac{6Wl}{\sigma_b h^2}$

여기서 W: 하중(kgf), b: 고정단의 폭(mm)

h: 두께(mm), L: 길이(mm)

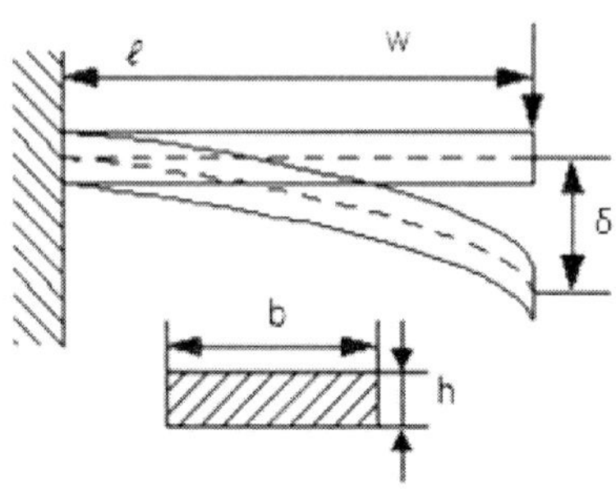

〈그림 5-6〉 단일 판 스프링

(2) 겹판 스프링

(가) 내다지보로 고려하는 경우

① 굽힘 응력 : $\sigma_b = \dfrac{6Wl}{nbh^2}$

② 처짐 :　$\delta = \dfrac{6Wl^3}{Enh^3}$

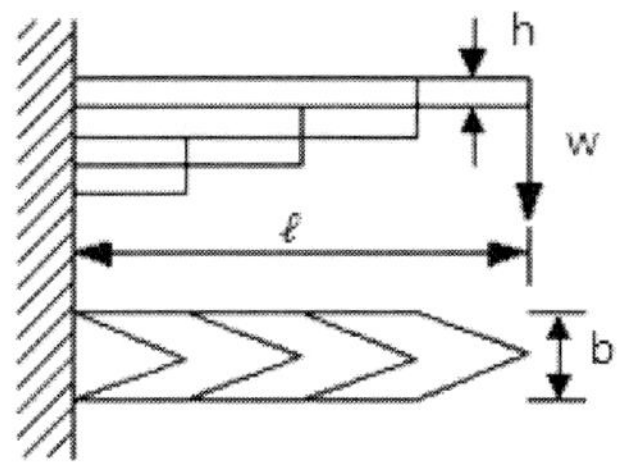

〈그림 5-7〉 겹판 스프링(내다지 보)

(나) 양단 지지보로 고려하는 경우

① 굽힘 응력 : $\sigma_b = \dfrac{3}{2}\dfrac{Wl}{nbh^2}$

② 처짐 : $\delta = \dfrac{3}{8}\dfrac{l^3 W}{nbh^3 E}$

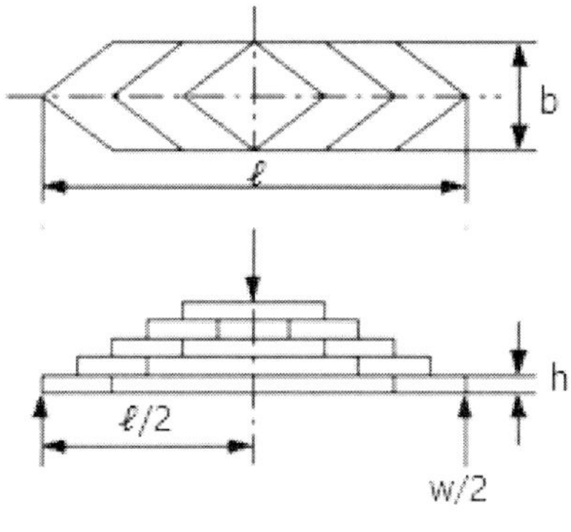

〈그림 5-8〉 겹판 스프링(양단 지지보)

제 2 절 브레이크 (brake)

기계의 운동부분의 에너지를 흡수해서 속도를 느리게 하든지 정지 시키는 장치이며 일반적으로 운동에너지를 고체마찰에 의하여 열에너지로 바꾸는 마찰 브레이크가 널리 사용된다.

1. 브레이크의 종류

가. 블록 브레이크(block brake)

(1) **단식 블록 브레이크 :** 이 브레이크는 구조가 가장 간단하며, 회전하는 브레이크 드럼에 슈를 밀어붙이는 구조이다. 제동 축에 굽힘 모멘트가 작용하므로 큰 제동력(braking)을 얻을 수 없는 단점이 있다.

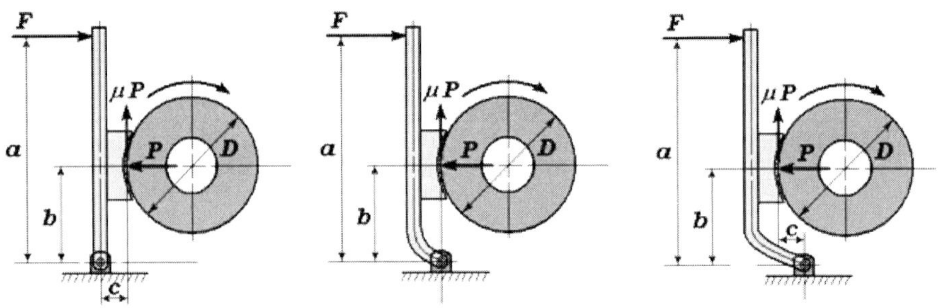

ⓐ 내 작용 선형(c 〉 0) ⓑ 중작용 선형(c = 0) ⓒ 외 작용 선형(c 〈 0)

〈그림 5-9〉 단식 블록 브레이크의 형식

여기서 F: 조작력, P: 블록과 블록 사이의 반력(전압력)

$f = \mu P$: 브레이크 제동력, D: 드릴의 지름

μ: 브레이크 드럽과 블록 사이의 마찰 계수

㈎ 회전력(Torque)

$$f = \mu P(kg)$$

$$\therefore \frac{\mu PD}{2} = \frac{fD}{2}(kg \cdot mm)$$

㈏ 브레이크의 조작력(F)

① 내 작용 선형(c 〉 0)

ⓐ 우회전

$$Fa - Pb - \mu Pc = 0$$

$$F = \frac{P}{a}(b + \mu c)$$

$$\therefore \frac{f(b+\mu c)}{\mu a}$$

ⓑ 좌회전

$$Fa - Pb + \mu Pc = 0$$

$$F = \frac{P}{A}(b - \mu c)$$

$$\therefore \frac{f(b-\mu c)}{\mu a}$$

② 중작용 선형(c = 0)

$$F_a - P_b = 0$$

$$\therefore F = \frac{P_b}{a} = \frac{fb}{\mu a}$$

③ 외 작용 선형(c 〈 0)

ⓐ 우회전

$$Fa - Pb + \mu Pc = 0$$

$$F = \frac{P}{a}(b - \mu c)$$

$$\therefore F = \frac{f(b-\mu c)}{\mu a}$$

ⓑ 좌회전

$$Fa - Pb - \mu Pc = 0$$

$$F = \frac{P}{a}(b + \mu c)$$

$$\therefore F = \frac{f(b+\mu c)}{\mu a}$$

㈐ 블록 브레이크의 용량

① 블록브레이크의 접촉면 압력((kg/mm^2)

$$\sigma = \frac{P}{A} = \frac{P}{st}$$

여기서 s: 브레이크 블록의 폭, t: 브레이크 블록의 길이

A: 브레이크 블록의 마찰 면적

② 브레이크의 용량

$$Q = \mu qv = \mu \frac{P}{A}(kg/mm^2 \cdot m/\sec)$$

여기서 μ: 접촉부 마찰계수, P: 블록과 블록 사이의 압력
　　v: 드럼의 원주 속도

㉮ 제동마력

$$H = \frac{fv}{75} = \frac{\mu Pv}{75} PS$$

$$H' = \frac{fv}{75} = \frac{\mu Pv}{102} KW$$

$$\mu Pv = 75H = 102H'$$

$$\therefore \mu qv = \mu \frac{P}{V} v = \frac{102H'}{A}$$

(2) **복식 블록 브레이크 :** 이 브레이크는 축의 양쪽에서 대칭으로 브레이크를 작용시키므로 서로 힘이 균형을 이루어 축에 굽힘 모멘트가 걸리지 않아 큰 제동력을 필요로 할 때 사용한다.

(가) 회전력(Torque)

$$F \cdot a = P \cdot b$$

$$\therefore F = \frac{Pb}{a}$$

(나) 브레이크의 조작력(F)

$$\therefore T = 2\mu P \frac{D}{2}$$

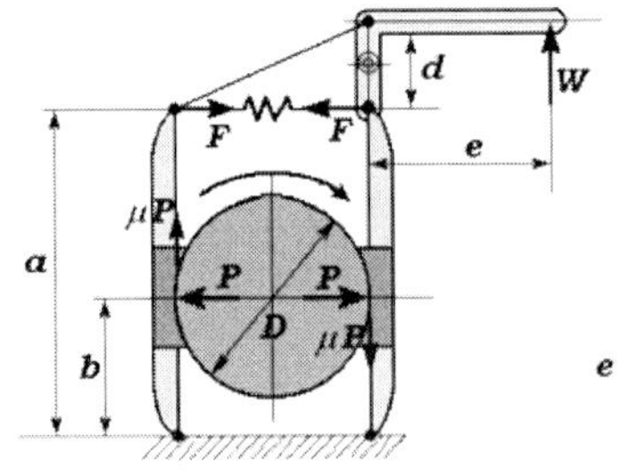

〈그림 5-10〉 복식 브레이크

나. 드럼 브레이크(drum brake)

드럼 브레이크는 내확 브레이크(internal expansion brake)라고도 하는데 2개의 브레이크 슈(brake sure)가 브레이크 휠의 안 쪽에 위치하고 있으며, 이들이 바깥쪽으로 확장되어 휠에 접촉함으로서 브레이크 작용을 일으킨다.

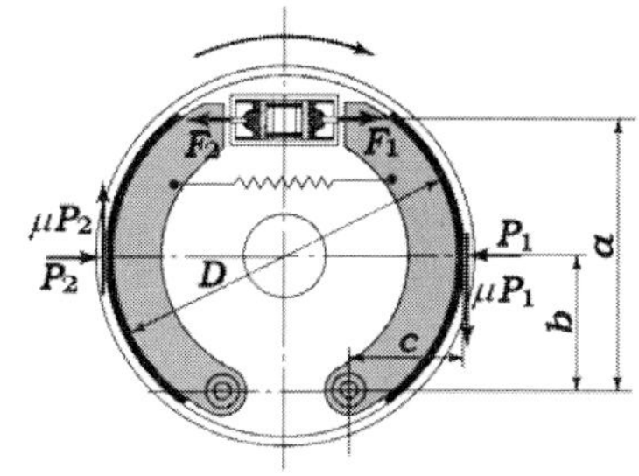

〈그림 5-11〉 내확 브레이크

(1) 브레이크 조작력

㈎ 브레이크 드럼이 시계방향 회전할 때

$$F_1 \cdot a - P_1 \cdot b + \mu P_1 \cdot c = 0$$

$$\therefore P_1 = F_1 \frac{a}{(b - \mu c)}$$

㈏ 브레이크 드럼이 반시계방향 회전할 때

$$F_2 \cdot a - P_2 \cdot b - \mu P_2 \cdot c = 0$$

$$\therefore P_2 = F_2 \frac{a.}{(b + \mu c)}$$

(2) 제동력

$$T = \mu (P_1 + P_2) \frac{D}{2} = \mu \left(\frac{F_1 \quad a}{b - \mu c} + \frac{F_2 \quad a}{b + \mu c} \right) \frac{D}{2}$$

여기서 F_1, F_2: 브레이크 슈를 밀어서 벌리는 힘

P_1, P_2: 마찰면에 작용하는 수직력

다. 밴드 브레이크(band brake)

이 브레이크는 브레이크 드럼에 강철로 만든 밴드를 감고 밴드에 레버로 장력을 주어서 제동 작용을 하는 것이다.

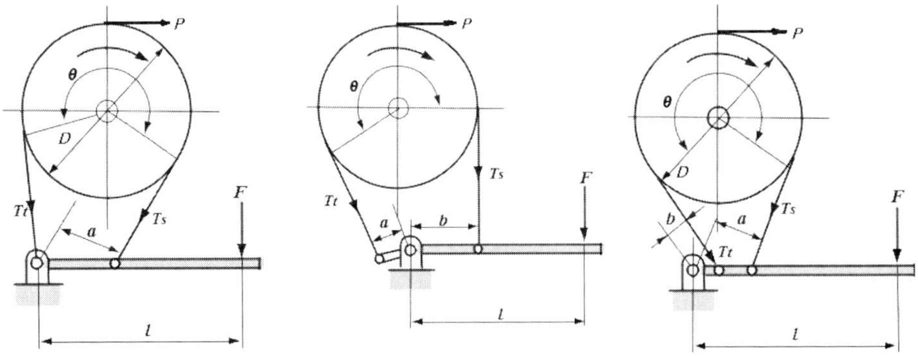

(a) 단동 식 밴드 브레이크 (b) 차동 식 밴드 브레이크 (c) 합동식 밴드브레이크

〈그림 5-12〉 밴드 브레이크의 종류

(1) 브레이크 조작력

(가) 단동 식 밴드 브레이크

ⓐ 우회전

$$F = P\frac{a}{l}\frac{1}{(e\mu\theta - 1)}$$

ⓑ 좌회전

$$F = P\frac{a}{l}\frac{e\mu\theta}{(e\mu\theta - 1)}$$

(나) 차동 식 밴드 브레이크

ⓐ 우회전

$$F = \frac{P(b - ae^{\mu\theta})}{l(e\mu\theta - 1)}$$

ⓑ 좌회전

$$F = \frac{P(be^{\mu\theta} - a)}{l(e^{\mu\theta} - 1)}$$

(다) 합동식 밴드 브레이크

ⓐ 우회전

$$F = \frac{P(b + ae^{\mu\theta})}{l(e^{\mu\theta} - 1)}$$

ⓑ 좌회전

$$F = \frac{P(be^{\mu\theta} + a)}{l(e\mu\theta - 1)}$$

(2) 단동 식 밴드 브레이크 장력

$$T_s = \frac{P}{e\mu\theta - 1}$$

$$T_l = T_s e^{\mu\theta} = \frac{Pe^{\mu\theta}}{(e^{\mu\theta} - 1)}$$

여기서 T_1: 긴장측 장력(회전방향 반대측), T_s: 이완측 장력(회전방향측)

$e^{\mu\theta}$: 장력비($\dfrac{T_l}{T_s} > 1$), θ: 접촉 중심각, P: 제동력

(3) 제동 Torque

$$T = P \cdot \frac{D}{2} = (T_l - T_s)\frac{D}{2}$$

(4) 제동 마력

$$H = \frac{Pv}{75} = \frac{NT}{716.2} PS$$

여기서 T: 회전력($kg \cdot m$), N: 회전수(rpm)

(5) 용량

$$Q = \mu qv = \frac{75H}{A} = \frac{102H'}{A} = \frac{102H'}{\gamma\theta b}$$

여기서 q: 접촉면의 압력, v: 드럼의 원주 속도($m/\sec$)

A: 접촉 면적($A = \gamma\theta b$)

라. 축압 브레이크

(1) 원판 레이크(disc brake)

이 브레이크는 원판이 서로 축과 케이스에 키로 설치되어 있으며, 이것을 축 방향으로 밀면 원판과 원판이 밀착하여 이 사이에서 발생하는 마찰력으로 축에 제동력이 작용하는 것이다.

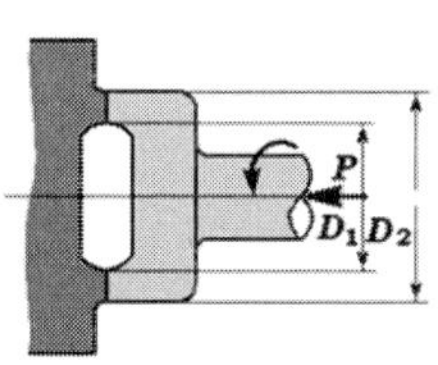

(a) 단판 브레이크

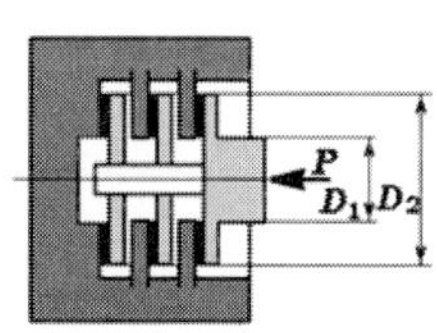

(b) 다판 브레이크

〈그림 5-13〉 원판 브레이크

(2) 원추 브레이크(cone brake)

이 브레이크는 브레이크 로드에 제동 축 방향의 힘을 가하고 다시 원뿔부분에 있는 쐐기작용으로 접촉 압력을 높여 제동 작용을 하는 것이다.

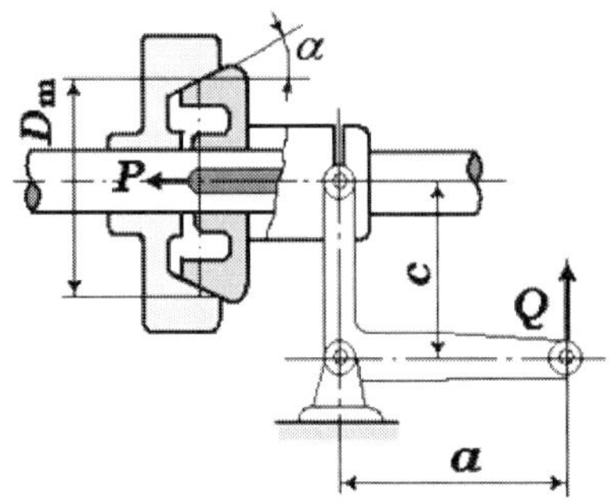

〈그림 5-14〉 원추 브레이크

제6장

관(Pipe) 관계 기계요소

제1절 관(管)
제2절 관 이음
제3절 밸브와 콕

제 1 절 관(管)

1. 개요

관은 기체, 액체, 분체, 고체 및 분체 등 융합체의 수송에 사용되며 기체는 도시가스, 냉동가스 등, 액체는 물, 석유 등, 분체로서는 밀가루, 시멘트 등, 고체는 모래 석탄 등을 운반할 수 있는 통로를 말한다.

2. 관의 종류

가. 주철관(cast iron pipe)

① 가격이 저렴하고 내식성이 우수하기 때문에 수도용, 가스 수송용, 배수용, 저압증기 배관용, 전선의 지하 케이블용 등의 매설용으로 사용한다.

② 강관에 비하여 단위 길이당의 무게가 무겁고, 파괴강도가 약한 결점이 있다.

③ 호칭 치수는 관의 안지름으로 나타낸다.

나. 강관(steel pipe)

(1) 이음매 없는 강관

① 드로잉(drawing)하여 제작한 인발 강관으로 단면이 원형이고 내 외면이 깨끗하다.

② 압력 배관용, 유전용, 보일러 등 사용압력 30kg/cm2 이하의 곳에 사용 된다.

(2) 이음매 있는 강관

용접, 단접, 리벳 이음 한 강관으로 인반 배관 및 구조용, 배수관 등에 사용되고 있다.

다. 동 관(copper pipe)

① 냉간 인발법으로 만들어진 이음매 없는 관으로 내식성, 굴곡성이 우수하고 전기와 열전도성이 좋다.

② 내압성도 상당히 있어 열교환기용, 급수용, 압력계용 배관, 급유관 등 화학공업용으로 널리 사용한다.

③ 보통 길이가 3 ~ 5[m]정도이고, 바깥지름 두께로써 호칭하며, 사용압력7[MPa]이하, 온도 200°C 이하에 사용한다.

라. 황동 관(brass pipe)

① 보통 냉간 인발 법으로 만든 이음매 없는 관으로 주로 지름이 작은 관이 많다.

② 가격이 싸고 강도가 크므로 가열기, 냉각기, 복수기, 열교환기 등에 많이 사용한다.

마. 납 관(lead pipe)

① 내산성이 강하며 굴곡이 자유롭다.

② 수도, 가스, 산성액체 또는 오수관 등으로 사용한다.

바. 알루미늄 관(aluminum pipe)

① 보통 냉간 인발법에 의한 이음매 없는 관으로서 비중이 작고, 동, 황동 다음에 열과 전기의 전도도가 높다.

② 고 순도의 것 일수록 내식성과 가공성이 좋으므로 화학공업용, 전기기기용, 건축용 구조재로서 널리 사용한다.

사. 휨 관(flexible pipe)

① 강, 구리, 황동, 알루미늄 등의 얇은 관을 나선형으로 감아서 기밀을 유지하도록 만든 관이다.

② 열, 가스, 증기, 물, 기름등의 수송용, 전선 보호관 또는 신축이음으로 사용된다.

아. 고무 관(rubber pipe)

① 고무, 인조 고무 또는 강한 천에 고무를 결합하여 만든다.

② 굴곡이 자유롭고 운반이나 이동성을 필요로 하는 경우에 사용한다.

자. 염화 비닐 관(poly vinyl chloride pipe)

① 이음부분이 없는 관으로 연질과 경질의 두 종류가 있다.

② 연질은 내약품성이고 경질은 내산, 내알칼리, 내식성 등이 좋고 전기 절연성이 우수하다.

3. 관의설계

가. 관의중량

배관용 강관, 압력배관용 강관, 고온배관용 탄소강 강관, 고압배관용 탄소강관의 중량은 비중량 77000[N/m3]을 기준으로 다음 식에 의하여 계산한다.

$$W = 0.24193t(D-t)(N/m)$$

여기서 D: 관의 지름(mm), t: 관의 두께(mm)

나. 관의 스케줄 번호

강관의 치수는 바깥지름을 기준으로 하여 두께에 따라 안지름이 결정되며, 사용압력에 따라 스케줄 번호(Schedule No)를 다음과 같이 계산한다. 강관의 두께는 스케줄번호에 따라 다르게 된다.

$$\text{스케줄번호} = \frac{p}{\sigma_b \quad E} \times 1000$$

여기서

p: 사용 압력(관내 수송 유체 압력)(N/mm^2)

σ_b: 강관 재료의 허용응력(N/mm^2)

E: 이음매 유무에 따른 계수(이음매 없는 경우: 1, 이음매 있는 경우: 0.85)

다. 유량과 관의 안지름

관 설계에는 흐르는 유체의 종류, 유량, 유속, 압력, 온도 등을 고려하여야 한다. 유체수송을 목적으로 하는 관의 지름은 유량과 유속으로 결정하므로 호칭법은 안지름을 기준으로 한다.

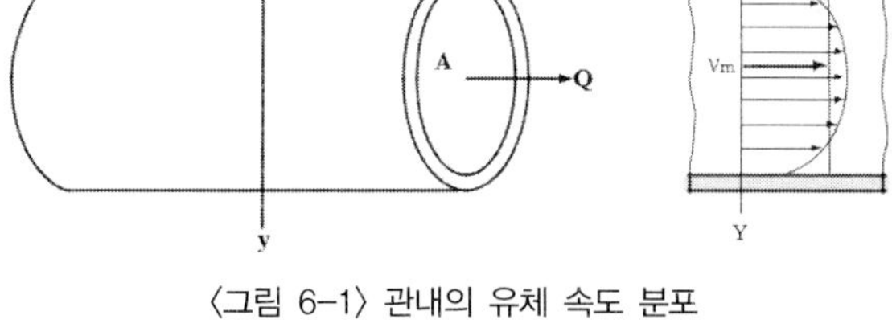

〈그림 6-1〉 관내의 유체 속도 분포

$$Q = Av_m = \frac{\pi}{4}(\frac{D}{1000})^2 v_m$$

$$D = 2000\sqrt{\frac{Q}{\pi v_m}} = 1128\sqrt{\frac{Q}{v_m}}$$

여기서 Q: 유량, A: 관내의 단면적, v_m: 평균 유속

D: 관의 안지름

라. 관의두께

(1) 내압을 받는 얇은 관

(가) 원주 방향으로 내압을 받는 경우

① 후프응력 및 관의 두께

$$\sigma_1 = \frac{pD}{2t}$$

$$t = \frac{pD}{2\sigma_1}$$

여기서 D: 원통의 지름(mm), T: 관의 두께(mm)

p: 원통의 내압(N/mm^2)

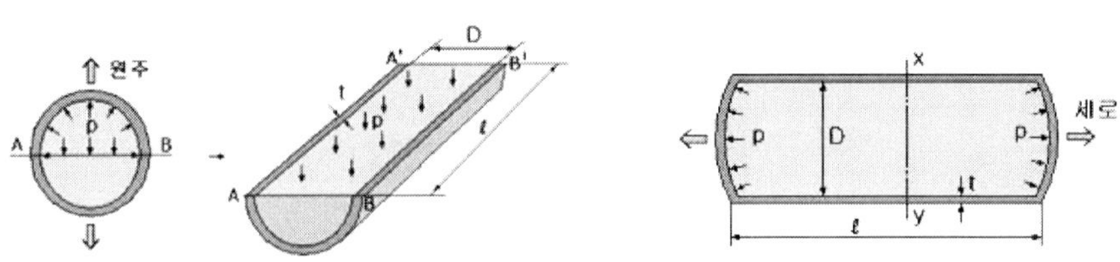

(a) 원주 방향의 응력

(b) 축 방향의 응력

〈그림 6-2〉 얇은 관의 응력

(나) 축 방향으로 내압을 받는 경우

① 후프응력 및 관의 두께

$$\sigma_2 = \frac{pD}{4t}$$

$$t = \frac{pD}{4\sigma_2}$$

후프응력의 σ_1 과 σ_2의 식을 비교하면 응력 σ_2는 원주방향의 후프응력에 절반이므로 원통의 강도는 후프응력 σ_1에 대해서만 고려한다.

그러므로 얇은 관의 두께를 설계하려면 관의 두께를 구하는 공식 $t=\frac{pD}{2\sigma_1}$에 바탕을 두어 안전율, 이음효율이나 부식 등을 고려하여 다음 식에 의하여 최소 판 두께 t를 구한다.

$$t=\frac{pD}{2\sigma_a\eta}+C=\frac{pDS}{2\sigma_t\eta}+C$$

여기서 σ_t: 재료의 인장강도(N/mm^2), σ_a:허용 응력(N/mm^2)

S: 안전율(강에서 4~6 적용), C:부식 여유(보통 $1mm$ 이상)

η: 이음 효율(이음매 없는 관에서 $\eta=1$, 단접관에서 $\eta=8$,

리벳이음관에서 $\eta=0.57\sim0.63$)

제 2 절 관 이음

1. 개요

관을 연결하거나 유체의 흐름방향을 바꾸는 경우에 관이음(pipe joint)을 한다. 관을 용접으로 영구이음을 한 경우에는 유체의 누설이 없으며, 유지비나 설치비가 절약되고 무게도 가볍다. 그러나 관로를 수리하는 것은 불편하므로 탈착을 쉽게 할 수 있는 이음이 널리 이용되고 있다.

2. 관이음의 종류

가. 나사식 관이음

나사식 이음은 관에 관용나사나 가는 나사를 깎아서 파이프를 이음 한 것으로 물, 기름, 증기, 가스 등의 일반 배관에 사용한다.

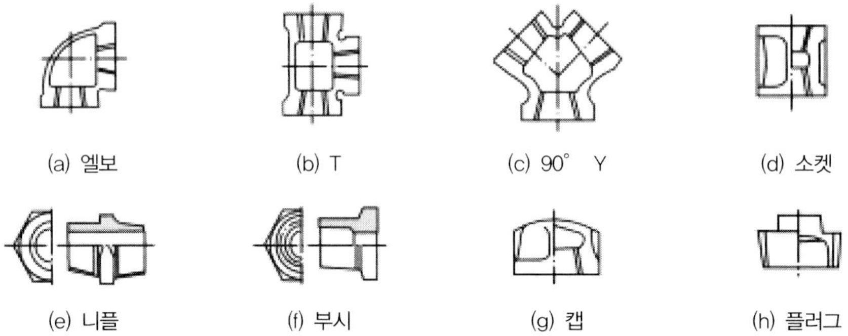

〈그림 6-3〉 나사식 관이음

나. 플랜지 이음

플랜지 이음은 관의 지름이 크거나 유체의 압력이 큰 경우에 쓰이며, 가끔 분해, 조립할 필요가 있을 때 편리하다.

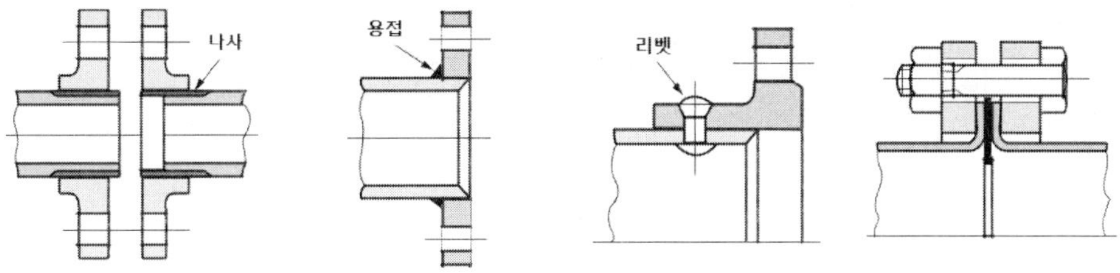

(a) 나사결합 형　　(b) 용접 형　　(c) 리벳 형　　(d) 활동 형

〈그림 6-4〉 플랜지 이음의 종류

다. 신축 이음

신축 이음은 배관이 받는 온도차로 생기는 신축의 흡수, 장시간 사용에 의한 배관축의 변위조정, 진동원(振動源)과 배관과의 완충을 목적으로 사용한다.

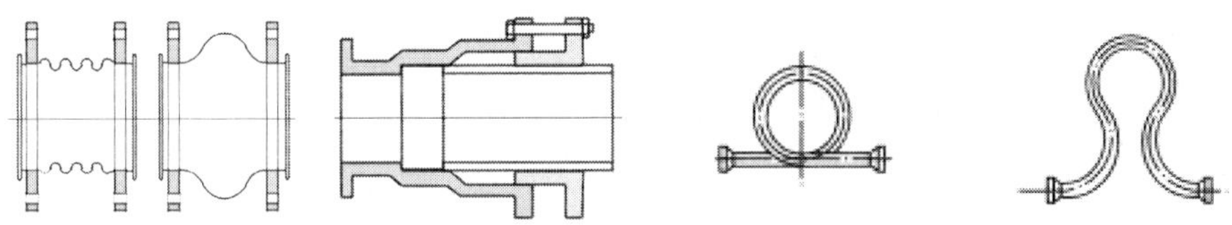

(a) 파형 신축이음　　(b) 미끄럼 신축이음　　(c) 원 밴드　　(d) U밴드

〈그림 6-5〉 신축이음

제 3 절 밸브와 콕

관속을 흐르는 유체의 유량, 압력, 온도를 제어하기 위하여 밸브나 콕(valve & cock)을 사용한다. 밸브나 콕의 재료로는 보통 청동이 사용되지만 고온, 고압, 내식성이 요구되는 곳에는 주철, 주강, 합금강이 사용된다.

1. 밸브

가. 밸브의 선택 방법

(1) 유량과 방향

① 정지밸브(stop valve) : 유체를 최대로 유통시키며 조절한다.

② 앵글밸브(angle valve) : 유체의 흐름을 직각으로 방향 조절을 한다.

(2) 압력과 온도

① 밸브의 각 부분 설계는 압력과 온도 조건에 따라 설계하는데, 밸브에는 호칭압력이 명시되고 있다.

② 보통 0.5[MPa]이하에 사용하는 것을 저압 밸브라 하고, 16[MPa]까지의 것을 중압밸브, 그리고 그 이상의 것을 고압 밸브라 한다.

(3) 재질

① 소형의 본체일 경우 청동(중온, 중압용), 단강 재(고온, 고압용) 등을 사용한다.

② 대형의 본체일 경우 청동, 주철, 구리, 합금강 등을 사용한다.

③ 사용온도 400℃이상일 경우 탄소몰리브덴 강, 크롬몰리브덴 강, 모넬메탈 등이 사용되고 사용온도 0℃이하인 경우 니켈 강 등이 사용된다.

나. 밸브의 종류

(1) 스톱 밸브(stop valve)

① 스톱 밸브는 흐름의 방향이 입구와 출구가 같고, 밸브 내에서 밸브가 상하로 변하는 글로브 밸브(glove valve)와 흐름이 직각으로 바뀌는 앵글 밸브(angle valve)가 있다.

② 밸브와 밸브 시트(valve seat)의 가공, 교환, 수리 등이 쉬우므로 밸브 중에서 가장 널리 사용한다.

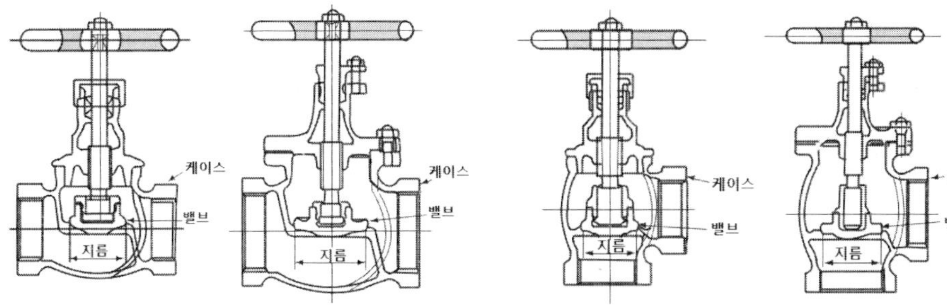

(a) 글로브 밸브 (b) 앵글 밸브

〈그림 6-6〉 글로브 밸브와 앵글밸브

(2) **슬루스 밸브**(sluice Valve)

① 슬루스 밸브는 밸브 판이 흐름에 대하여 직각으로 놓여 지며, 밸브 시트에 대하여 미끄러지는 운동을 하는 구조이다.

② 흐름에 대한 저항은 밸브 중에서 가장작고, 유체를 자유로이 충분히 흐르게 할 수 있으며, 완전히 차단 할 수도 있다.

③ 보통 조작이 빈번하지 않는 곳에 사용하나, 제어나 유량을 줄이는 곳에는 사용하지 않는다.

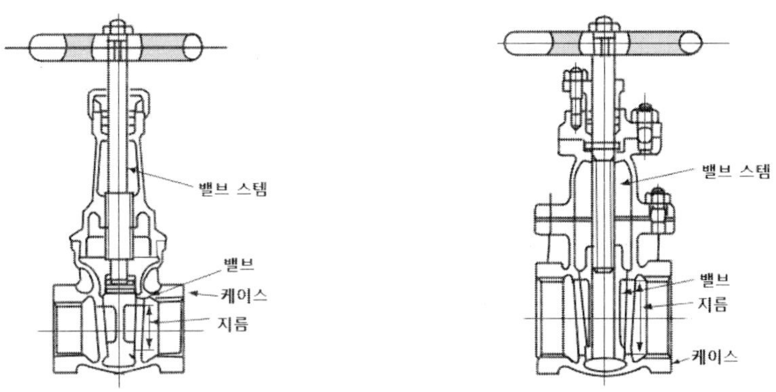

(a) 승강형 (b) 비 승강형

〈그림 6-7〉 슬루스 밸브

(3) **첵 밸브**(check valve)

역지(逆止) 밸브라고도 하며, 유체를 한 방향으로만 흘러가게 하고, 역류하지 않도록 한다.

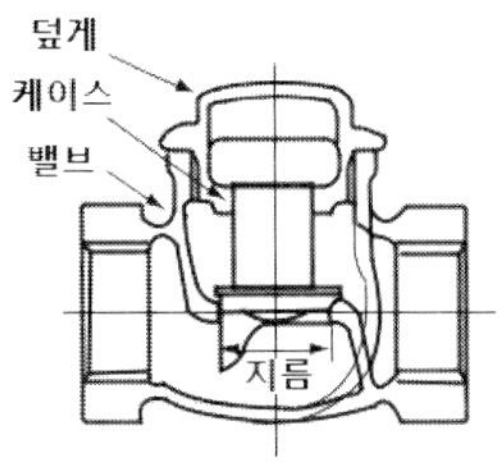

(a)

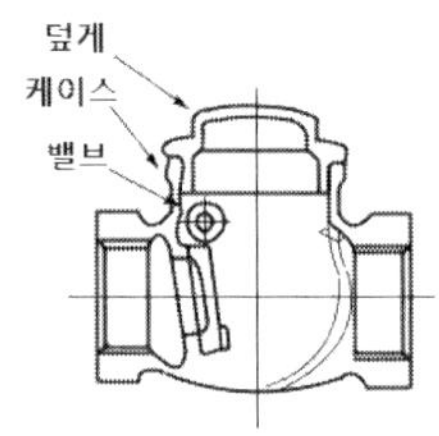

(b)

〈그림 6-8〉 첵 밸브

(4) 안전 밸브(safety valve)

증기, 가스 등의 유체가 제한된 최고압력을 초과했을 때 자동적으로 밸브가 열려서 유체를 외부로 방출하는 밸브이다.

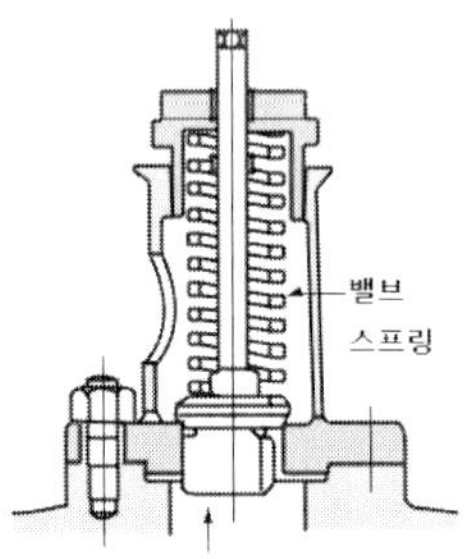

(a) 스프링 식

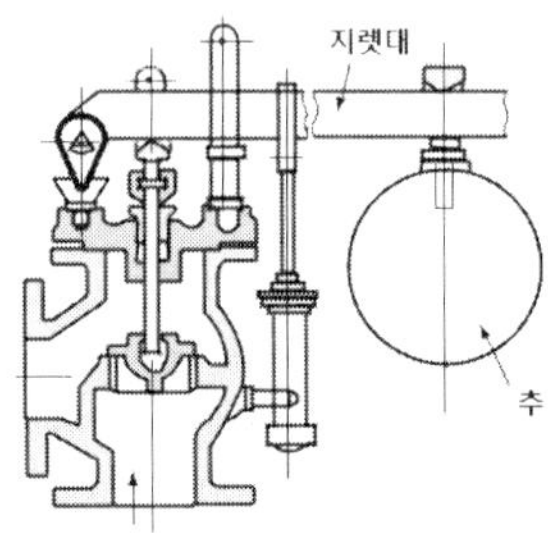

(b) 추 식

〈그림 6-9〉 안전 밸브

(5) 나비형 밸브(butterfly valve)

조름 밸브(throttle valve)라고도 하며, 원형에 밸브 판의 지름을 축소하여 밸브 판을 회전시킴으로써 유량을 조절 하는 밸브이다.

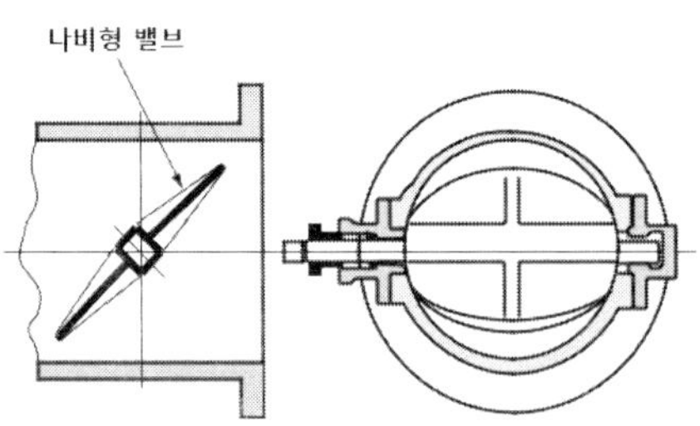

〈그림 6-10〉 나비형 밸브

(6) 감압 밸브(reducing valve)

① 감압 밸브는 고압 유체를 보다 낮은 압력으로 감압하고, 그대로 일정하게 유지하는 경우에 쓰이는 밸브다.

② 밸브의 열림은 추(錐)나 스프링, 다이어프램 등으로 제어한다.

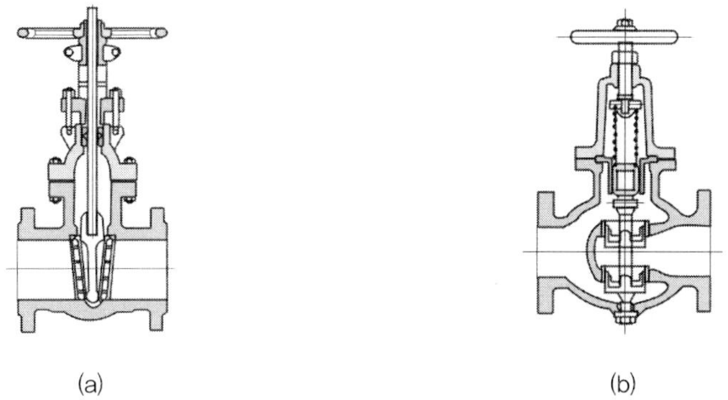

〈그림 6-11〉 감압 밸브

2. 콕

① 콕(cock)은 구멍이 있는 플러그를 회전시켜 유체의 통로를 간단히 개폐할 수 있다.

② 저압용으로 지름이 작은 부분에 널리 이용되고 있다.

③ 유체의 통로에 설치하는 일종의 개폐 밸브로 플러그 밸브(plug valve)라고도 한다.

④ 플러그는 1/5정도의 테이퍼로 되어 있으며 조작이 간단하며 취급이 쉽다.

⑤ 레버를 90°, 또는 180°선회하면 원통면에 뚫린 구멍을 통해 유체가 통과한다.

⑥ 2방향 콕은 통로의 개폐용, 3방향, 4방향 콕은 통로의 조정용으로 사용한다.

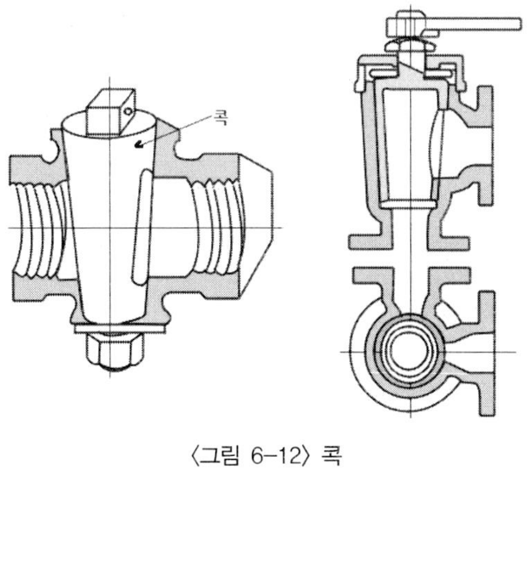

〈그림 6-12〉 콕

기계요소설계

별책 부록

기계요소설계 분야
컴퓨터응용가공산업기사 자격시험
최근 기출 문제

제1장 기계요소의 개요
제2장 체결용 기계요소
제3장 축(shaft) 관계 기계요소
제4장 전동용 기계요소
제5장 제어용 기계요소
제6장 관(Pipe) 관계 기계요소

제 1 장 기계요소의 개요

1 물체의 양단에 압축력이 작용하여 하중방향의 직각인 단면에 발생하는 수직 응력은?

㉮ 인장응력　　㉯ 전단응력
㉰ 압축응력　　㉱ 굽힘응력

2 S-N(응력진폭-반복횟수) 선도에서 응력의 값이 어느 일정한 값에 도달하면 곡선이 수평으로 되어, 이 응력 이하에서는 아무리 반복횟수를 늘려도 파괴되지 않게 한다. 이 응력의 한도 값을 무엇이라 하는가?

㉮ 응력한도　　㉯ 반복한도
㉰ 피로한도　　㉱ 수평한도

3 재료의 기준강도(인장강도)가 $40kgf/㎟$ 이고, 허용응력이 $10kgf/㎟$ 일 때 안전율은?

㉮ 0.25　　㉯ 0.5　　㉰ 2　　㉱ 4

해 $S = \frac{\sigma_u(\text{기준강도})}{\sigma_a(\text{허용응력})}$

4 계속하여 반복 작용하는 하중으로 진폭이 일정하고 주기가 규칙적인 하중은?

㉮ 변동하중　　㉯ 반복하중
㉰ 교번하중　　㉱ 충격하중

5 다음 중 응력을 구하는 식으로 맞는 것은? (단 σ는 응력, A는 단면적, P는 작용하중으로 한다.)

㉮ $\sigma = \frac{P}{A}$　　㉯ $\sigma = P \times A$

㉰ $\sigma = \frac{A}{P}$　　㉱ $\sigma = \frac{P}{A^2}$

6 재료에 높은 온도로 큰 하중을 일정하게 작용시키면 응력이 일정해도 시간의 경과에 따라 변형률이 증가하는 현상은?

㉮ 크리프 현상　　㉯ 시효 현상

㉰ 응력집중 현상　　㉱ 피로파손 현상

7 사각형 단면($100㎜ \times 60㎜$)의 기둥에 $10kgf/㎠$ 압축응력이 발생할 때 압축하중은 약 얼마인가?

㉮ $6000kgf$　　㉯ $600kgf$

㉰ $60kgf$　　㉱ $60000kgf$

해 $\sigma = \frac{P}{A}$

8 단면적이 600㎟인 봉에 $600kgf$의 추를 달았더니 이봉에 생긴 인장응력이 재료의 허용인장응력에 도달하였다. 이 봉재의 극한강도가 $500kgf/㎠$이면 안전율은 얼마인가?

㉮ 2　　㉯ 3　　㉰ 4　　㉱ 5

해 $S = \frac{\sigma_u(\text{기준강도})}{\sigma_a(\text{허용응력})}$

9 연강의 응력-변형률 선도에서 후크의 법칙(Hook's law)이 성립하는 구간으로 알맞은 것은?

㉮ 항복점　　㉯ 극한강도

㉰ 비례한도　　㉱ 소성변형

10 지름 20㎜, 길이 500㎜인 탄소강재에 인장하중이 작용하여 길이가 502㎜가 되었다면 변형률은?

㉮ 0.01　　㉯ 1.004
㉰ 0.02　　㉱ 0.004

해 $\epsilon = \frac{\lambda}{l}$

11 지름 14㎜의 연강봉에 8000N의 인장하중이 작용할 때 발생하는 응력은 몇 $N/㎟$인가?

㉮ 15　　㉯ 23　　㉰ 46　　㉱ 52

해 $\sigma = \frac{P}{A}$

12 「비례한도 이내에서 응력과 변형률은 비례한다.」라는 법칙을 무엇이라고 하는가?

㉮ 오일러의 법칙　　㉯ 프아송의 법칙
㉰ 아베의 법칙　　㉱ 후크의 법칙

13 안전율에 대한 설명으로 틀린 것은?

㉮ 안전율은 항상 1보다 큰 값을 갖는다.
㉯ 재료의 허용응력에 대한 기준강도의 비이다.
㉰ 재료의 허용응력이 기준 강도보다 반드시 커야 한다.
㉱ 충격하중은 정하중보다 안전율을 크게 한다.

14 임의 점에서 직선거리 L만큼 떨어진 곳에서 힘 F가 수직하게 작용할 때 발생하는 모멘트 M을 바르게 나타낸 것은?

㉮ $M = F \times L$　　㉯ $M = F/L$
㉰ $M = L/F$　　㉱ $M = F + L$

15 길이가 100[㎜]인 봉이 인장 응력을 받았을 때 변형률이 1이라면 변형 후의 전체 길이는?

㉮ 50[㎜]　　㉯ 100[㎜]
㉰ 150[㎜]　　㉱ 200[㎜]

16 국제단위계(SI)에서 기본단위에 해당하지 않은 것은?

㉮ 질량$[kg]$　　㉯ 평면각$[rad]$
㉰ 전류$[A]$　　㉱ 광도$[cd]$

17 재료의 기준강도(인장강도)가 $400N/㎟$이고, 허용응력이 $100N/㎟$일 때 안전율은?

㉮ 0.25　　㉯ 0.5
㉰ 2　　㉱ 4

해 $S = \frac{\sigma_u(\text{기준강도})}{\sigma_a(\text{허용응력})}$

18 질량 1kg의 물체가 $1m/s^2$의 가속도로 움직일 수 있도록 가하는 힘은?

㉮ 1[N]　　㉯ 1[dyne]
㉰ $1[kgf]$　　㉱ 1[kg]

19 정사각형의 봉에 10kN의 인장하중이 작용할 때 이 사각봉 단면의 한 변 길이는?(단, 하중은 축 방향으로 작용하며 이 때 발생한 인장 응력은 $100N/㎠$이다.)

㉮ 10㎝　　㉯ 20㎝
㉰ 30㎝　　㉱ 40㎝

해 $\sigma = \frac{P}{A}$

20 다음 중 안전율을 구하는 식으로 맞는 것은 ? (단, 안전율 S, 항복응력 σ_u, 허용응력 σ_a)

㉮ $S=\sigma_u \times \sigma_a$

㉯ $S=\frac{\sigma_u}{\sigma_a}$

㉰ $S=\frac{\sigma_a}{\sigma_u}$

㉱ $S=\sigma_u - \sigma_a$

21 동력의 단위에서 1PS 약 몇 kW인가?

㉮ 0.735

㉯ 0.875

㉰ 1.25

㉱ 1.36

22 SI단위와 기호로 잘못 짝지어진 것은?

㉮ 주파수 - 헤르츠(Hz)

㉯ 에너지 - 줄(J)

㉰ 전기량,전하 - 와트(W)

㉱ 전기저항 - 옴(Ω)

23 지름 $14mm$의 연강봉에 $8000N$의 인장하중이 작용할 때 발생하는 응력은 약 몇 $N/㎟$인가?

㉮ 15

㉯ 23

㉰ 46

㉱ 52

해 $\sigma_t = \frac{P}{A} = \frac{P}{\frac{\pi d^2}{4}}$

24 세로탄성계수 $E(N/mm^2)$와 응력 $\sigma(N/mm^2)$, 세로변형률 ϵ과의 관계식으로 맞는 것은?

㉮ $E=\dfrac{\sigma}{\epsilon}$　　㉯ $E=\dfrac{\epsilon}{\sigma}$

㉰ $E=\dfrac{2\epsilon}{\sigma}$　　㉱ $E=\dfrac{\epsilon}{2\sigma}$

25 지름 $20mm$, 길이 $500mm$인 탄소강재에 인장하중이 작용하여 길이가 $502mm$가 되었다면 변형률은?

㉮ 0.01　　㉯ 1.004

㉰ 0.02　　㉱ 0.004

26 단면 $50mm \times 50mm$이고, 길이 $100mm$의 탄소강재가 있다. 여기에 $10KN$의 인장력을 길이 방향으로 주었을 때 $0.4mm$가 늘어났다면 이 때 변형률은 얼마인가?

㉮ 0.0025　　㉯ 0.004

㉰ 0.0125　　㉱ 0.025

해 $\epsilon=\dfrac{\lambda}{l}$

27 인장 하중과 압축하중이 교대로 반복하여 작용하는 하중으로 크기와 방향이 동시에 변화하는 하중은?

㉮ 반복하중　　㉯ 교번하중

㉰ 충격하중　　㉱ 전단하중

28 높이 $50mm$의 사각봉이 압축하중을 받아 0.004의 변형률이 생겼다고 하면 이 봉의 높이는 얼마로 되었는가?

㉮ $49.8mm$　　㉯ $49.9mm$

㉰ $49.98mm$　　㉱ $49.99mm$

29 지름이 $2cm$의 봉재에 인장하중이 $400N$이 작용할 때 발생하는 인장응력은 약 얼마인가?

㉮ $127.3N/cm^2$　　㉯ $127.3N/mm^2$

㉰ $172.8N/cm^2$　　㉱ $172.8N/mm^2$

해 $\sigma = \frac{P}{A}$

30 다음 중 동력의 단위에 해당되지 않는 것은?

㉮ erg/s　　㉯ $N \cdot m$

㉰ PS　　㉱ J/s

31 일정한 주기 및 진폭으로 반복하여 계속 작용하는 하중으로 편진 하중을 의미하는 것은?

㉮ 변동하중　　㉯ 반복하중

㉰ 교번하중　　㉱ 충격하중

32 하중을 작용 방향과 작용 시간에 따라 분류 할 때 다음 중 작용 방향에 따른 분류에 속하는 것은?

㉮ 반복하중　　㉯ 충격하중

㉰ 굽힘하중　　㉱ 교번하중

33 지름이 4cm의 봉재에 인장하중이 1000N이 작용할 때 발생하는 인장응력은 약 얼마인가?

㉮ $127.3N/cm^2$　　㉯ $127.3N/mm^2$

㉰ $80N/cm^2$.　　㉱ $80N/mm^2$

해 $\sigma = \frac{P}{A}$

34 사각형 단면(100mm x 60mm)의 기둥에 $1N/mm^2$ 압축응력이 발생할 때 압축하중은 약 얼마인가

㉮ 6000N ㉯ 600N
㉰ 60N ㉱ 60000N

해 $\sigma = \frac{P}{A}$

35 재료를 인장 시험 할 때, 재료에 작용하는 하중을 변형전의 원래 단면적으로 나눈 응력은?

㉮ 인장응력 ㉯ 압축응력
㉰ 공칭응력 ㉱ 전단응력

36 각속도가 30rad/sec인 원운동을 rpm단위로 환산하면 얼마인가?

㉮ 157.1rpm ㉯ 186.5rpm
㉰ 257.1rpm ㉱ 286.5rpm

해 $\frac{30}{2\pi} \times 60$

37 하중의 크기 및 방향이 주기적으로 변화하는 하중으로서 양진 하중을 의미하는 것은?

㉮ 변동하중 (variable load)
㉯ 반복하중 (repeated load)
㉰ 교번하중 (alternate load)
㉱ 충격하중 (impact load)

38 정사각형 단면의 봉에 20kN의 압축하중이 작용할 때 생기는 응력을 5000N/cm^2가 되게 하려면 정사각형의 한 변의 길이를 약 몇 cm로 해야 하는가?

㉮ 0.2 ㉯ 0.4
㉰ 2 ㉱ 4

39 그림은 인장코일 스프링에서 작용하중(W)과 변형량(δ)의 관계 그래프이다. 이 그래프에서 직선의 기울기와 삼각형($\triangle OAB$) 면적은 각각 무엇을 나타내는가?

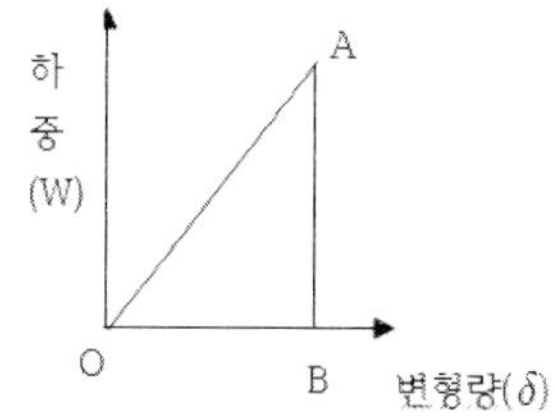

㉮ 응력과 가로 탄성계수

㉯ 스프링 상수와 탄성 변형에너지

㉰ 응력과 탄성 변형에너지

㉱ 스프링 상수와 피로한도량

40 지름이 10mm 인 시편에 600N의 인장력이 작용한다고 할 때 이 시편에 발생하는 인장응력은 약 몇 MPa인가?

㉮ 95.2　　㉯ 76.4

㉰ 7.64　　㉱ 9.52

해 $\sigma = \frac{P}{A}$

해답																				
	1	㉰	2	㉰	3	㉱	4	㉯	5	㉮	6	㉮	7	㉯	8	㉱	9	㉰	10	㉱
	11	㉱	12	㉱	13	㉰	14	㉮	15	㉱	16	㉯	17	㉱	18	㉮	19	㉮	20	㉯
	21	㉮	22	㉰	23	㉱	24	㉮	25	㉱	26	㉯	27	㉯	28	㉮	29	㉮	30	㉯
	31	㉯	32	㉰	33	㉰	34	㉮	35	㉮	36	㉱	37	㉰	38	㉰	39	㉯	40	㉰

제 2 장 체결용 기계요소

1 다음 키 중에서 큰 동력을 전달할 수 있는 것은?

㉮ 안장 키 ㉯ 묻힘 키
㉰ 납작 키 ㉱ 스플라인

2 나사의 이완 방지로서 다음 것을 사용한다. 맞지 않는 것은?

㉮ 로크 너트 ㉯ 분할 핀
㉰ 캡 너트 ㉱ 와셔

3 힘을 한 방향으로만 받는 부품에 이용되는 나사로 나사산각은 30° 와 45° 2종류가 있는 나사는?

㉮ 사각나사 ㉯ 사다리꼴나사
㉰ 톱니나사 ㉱ 둥근나사

해 사다리꼴 TW : 29°, TM : 30°

4 축의 원주에 여러 개의 키를 가공할 것으로 큰 토크를 전달할 수 있고 내구력이 크며 축과 보스와의 중심축을 정확하게 맞출 수 있는 것은?

㉮ 스플라인 ㉯ 미끄럼 키
㉰ 성크 키 ㉱ 반달 키

5 너트의 풀림 방지법에 해당되지 않은 것은?

㉮ 로크 너트(look nut)를 사용
㉯ 개스킷(gasket)을 사용
㉰ 와셔(washer)를 사용
㉱ 분할핀(split pin)을 사용

6 두 줄 나사를 두 바퀴 돌렸더니 축 방향으로 12mm 이동했다. 이 나사의 피치(p)와 리드(l) 각각 얼마인가?

㉮ $p = 3mm, l = 6mm$
㉯ $p = 6mm, l = 3mm$
㉰ $p = 3mm, l = 3mm$
㉱ $p = 6mm, l = 3mm$

해 $p = \dfrac{L}{z \times n}$, $l = np$

7 다음 운동용 나사 중 수치제어용 공작기계의 이송나사로 가장 적합한 것은?

㉮ 볼나사 ㉯ 사각나사
㉰ 둥근나사 ㉱ 사다리꼴 나사

8 다음 중 회전력의 크기가 가장 큰 키(key)는?

㉮ 접선 키 ㉯ 새들 키
㉰ 평 키 ㉱ 둥근 키

9 묻힘 키(sunk key)에서의 키의 폭 10㎜, 키의 유효길이 54㎜, 키의 높이 8㎜, 축의 지름 34㎜일 때 전달 토크($kgf-㎜$)는 약 얼마인가?(단, 키(key)의 허용전단응력 $3.5kgf/㎟$이다.)

㉮ 32,130 ㉯ 64,260
㉰ 257,040 ㉱ 514,080

해 $T=\frac{d}{2}\tau b l=\frac{34}{2}\times 3.5\times 10\times 54$

10 나사산의 각도가 60° 인 것은?

㉮ 유니파이 보통나사　　㉯ 사다리꼴 나사
㉰ 톱니나사　　㉱ 둥근나사

11 M18×2의 미터가는 나사의 치수를 설명한 것으로 맞는 것은?

㉮ 미터 가는 나사 유효지름 18㎜, 산수 2
㉯ 미터 가는 나사 유효지금 18㎜, 피치 2㎜
㉰ 미터 가는 나사 바깥지름 18㎜, 피치 2㎜
㉱ 미터 가는 나사 골지름 18㎜, 2줄 나사

12 성크 키($b\times h\times l$)를 지름 d인 전동축에 사용할 때 키의 전단저항으로 토크를 전달한다고 하면 키의 폭((b)을 결정하는 식은? (단, 키와 축의 허용전단응력은 동일하고, 키의 높이는 h이고, 키의 길이는 $l=1.5d$이다.)

㉮ $b=\frac{\pi}{6}d$　　㉯ $b=\frac{\pi}{8}d$
㉰ $b=\frac{\pi}{10}d$　　㉱ $b=\frac{\pi}{12}d$

해 $T=\tau z_p=\tau\frac{\pi d^3}{16}=\frac{d}{2}\tau bl$

13 일반적으로 60㎜ 이하의 작은 축과 테이퍼 축에 사용될 때 키(key)가 자동적으로 축과 보스 사이에서 자리를 잡을 수 있는 장점을 가지고 있는 키는?

㉮ 성크 키　　㉯ 반달 키
㉰ 접선 키　　㉱ 스플라인

14 지름 20㎜, 피치 2㎜인 2줄 나사를 10회전 시켰더니 완전하게 체결되었다. 이 나사의 리드(lead)는 몇 ㎜인가?

㉮ 20　　㉯ 40　　㉰ 4　　㉱ 2

해 $l = np$

15 4ton의 축 방향 하중과 비틀림이 동시에 작용하고 있을 때 다음 중 가장 적합한 체결용 미터 보통나사 호칭은? (단, 허용 인장응력은 $4.8kgf/㎟$ 이고, 비틀림 응력은 수직응력의 $1/3$정도로 본다.)

㉮ M58　　㉯ M48　　㉰ M84　　㉱ M64

해 $d = \sqrt{\frac{8w}{3\sigma}}$

16 다음 중 보스와 축을 고정하는 데 주로 쓰이고, 축에 끼워진 기어나 풀리의 위치 조정 및 키의 대용으로 쓰이며, 끝이 담금질 되어 있어 마찰, 걸림 등에 의한 정지 작용도 할 수 있는 나사로 가장 적합한 것은?

㉮ 육각 볼트　　㉯ 태핑 볼트
㉰ 작은나사　　㉱ 멈춤 나사

17 다음 중 기계 등을 콘크리트 바닥에 설치하는데 사용되는 볼트의 명칭은?

㉮ 스테이볼트　　㉯ 아이볼트
㉰ 충격볼트　　㉱ 기초볼트

18 다음 중 가장 큰 회전력을 전달시킬 수 있는 키는?

㉮ 평 키　　㉯ 안장 키
㉰ 핀 키　　㉱ 접선 키

해 접선 키 〉 핀 키 〉 평 키 〉 인장 키

19 다음 중 운동용 나사의 분류로 맞지 않는 것은?

㉮ 사각나사　　㉯ 톱니나사
㉰ 삼각나사　　㉱ 사다리꼴 나사

20 지름이 60㎜인 축의전달 토크가 $25000kgf \cdot mm$ 일 때 너비가 10㎜, 높이가 8㎜인 묻힘 키의 길이는? (단, 허용전단응력 $\tau = 7kgf/mm^2$ 이다.)

㉮ 8㎜　　㉯ 12㎜
㉰ 15㎜　　㉱ 16㎜

해 $T = \frac{d}{2}\tau bl$

21 축의 홈이 깊게 파여 축의 강도가 약하게 되기는 하나 키와 키홈 등이 모두 가공하기 쉽고 키가 자동적으로 축과 보스 사이에 자리를 잡을 수 있어 자동차, 공작기계 등의 축에 널리 사용되며 특히 테이퍼 축에 사용하면 편리한 키는?

㉮ 둥근 키　　㉯ 접선 키
㉰ 묻힘 키　　㉱ 반달 키

22 3줄 나사에서 나사를 3회전 하였더니 36㎜ 전진하였다. 이 나사의 피치는?

㉮ 12 ㎜　　㉯ 6 ㎜
㉰ 4 ㎜　　㉱ 3 ㎜

23 그림과 같은 크레인용 후크에서 2ton의 하중이 작용할 경우 적합한 나사의 최소크기는? (단, 후크 재질의 허용 인장 응력$\sigma_t = 5kgf/mm^2$ 이다.)

㉮ M30　　㉯ M38
㉰ M45　　㉱ M50

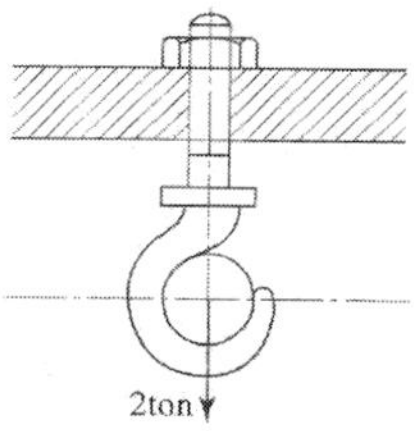

해 $d = \sqrt{\frac{2W}{\sigma}}$

24 지름 50㎜의 연강축을 사용하여 350rpm으로 $40kW$을 전달할 묻힘 키의 길이는 최소 몇 ㎜ 이상인가?

(단, 키 재료의 허용 전단 응력은 $5kgf/㎟$, 키의 폭과 높이는 $b \times h = 15mm \times 10mm$ 이며 전단저항만 고려한다.)

㉮ 38 ㉯ 46
㉰ 60 ㉱ 78

해 $974000\frac{H}{N} = \frac{d}{2}\tau bl$

25 M20×2.5 나사가 유효지름이 18.396㎜이고, 마찰계수가 0.1일 때 나사의 효율은?

㉮ 약 37% ㉯ 약 56%
㉰ 약 27% ㉱ 약 46%

해 $\nu' = \dfrac{\nu}{\cos\dfrac{\alpha(\text{나사산각})}{2}}$

$\nu' = \tan\rho \quad \rho = 5.7°$

$\eta = \dfrac{\tan\alpha(\alpha = \dfrac{p}{\pi d})}{\tan(\rho + \alpha)}$

26 회전수 1500rpm,축의 직경 110mm인 묻힘키를 설계 하려고 한다.

$$b(\text{폭}) \times h(\text{높이}) \times l(\text{길이}) = 28mm \times 18mm \times 300mm$$

일 때 묻힘키가 전달할 수 있는 최대 동력(kW)은? (단,키의 허용 전단응력 $\tau_a = 40N/㎟$ 이며, 키의 허용 전단응력만 고려한다,)

㉮ 933.05 ㉯ 1264.86
㉰ 2902.83 ㉱ 3459.42

해 $T = 9545000\frac{H}{N} = \frac{d}{2}\tau bl$

27 96000[N · ㎝]토크를 전달하는 지름 50[㎜]이 축에 적합한 묻힘 키(폭×높이=12[㎜]×8[㎜])의 길이는 약 몇 [㎜] 이상이어야 하나?

(단, 키의 전단 강도만으로 계산하고, 키의 허용전단응력 $\tau = 8000[N/㎠]$이다.)

㉮ 40[㎜] ㉯ 50[㎜]

㉰ 5 [㎜] ㉱ 4 [㎜]

해 $T = \frac{d}{2}\tau bl$

28 그림과 같은 아이볼트 27kN의 하중(W)이 걸릴 때 사용 가능한 나사의 최소 크기는? (단, 나사부 허용인장응력을 60 MPa로한다.)

㉮ M24 ㉯ M30

㉰ M36 ㉱ M45

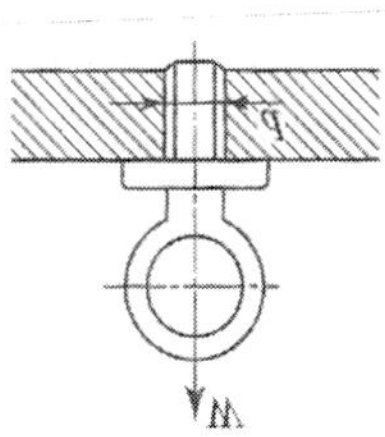

해 $d = \sqrt{\frac{2W}{\sigma}}$

29 지름 50㎜의 축에 바깥지름 400㎜의 풀 리가 묻힘 키로 고정되어 있고, 풀리의 바깥지름에 1.5kN의 접선력이 작용한다면 키에 작용하는 전단력은 약 몇 kN인가?

㉮ 1.8 ㉯ 1.5

㉰ 7.5 ㉱ 12.0

해 $\frac{D}{2}P = \frac{d}{2}P$

30 다음( )안에 들어갈 말로 적절한 것은?

『나사에서 나사가 저절로 풀리지 않고 체결되어 있는 상태를 자립상태(self-sustenance)라고 한다. 이 자립상태를 유지하기 위한 나사 효율은 (   ) 이어야 한다.』

㉮ 30% 이상　　㉯ 40% 이상
㉰ 50% 미만　　㉱ 60% 미만

31 10KN의 하중을 올리는 나사 잭의 나사 막대의 지름을 몇 mm로 하면 가장 적당한가?(단, 나사막대의 허용응력은 60MPa로 하고, 비틀림 응력은 수직응력의 1/3 정도로 본다.)

㉮ 12mm　　㉯ 18mm
㉰ 22mm　　㉱ 25mm

해 $d=\sqrt{\frac{8W}{3\sigma}}$

32 나사를 용도에 따라 체결용과 운동용으로 분류할 때 운동용 나사에 속하지 않는 것은?

㉮ 사각 나사　　㉯ 사다리꼴 나사
㉰ 톱니 나사　　㉱ 삼각 나사

33 지름 60mm의 강축에 350rpm으로 50KW를 전달하려고 할 때 허용전단응력을 고려하여 적용 가능한 묻힘 키(sunkkey)의 최소 길이(l)는 약 몇 mm인가? (단, 키의 허용전단응력 $\tau=40[N/㎟]$, 키의 규격(폭×높이) $b\times h=$ 12mm×10mm이다.)

㉮ 80　　㉯ 85
㉰ 90　　㉱ 95

해 $T=9545000\frac{H}{N}=\frac{d}{2}\tau bl$

34 기계구조물 등을 콘크리트 바닥에 설치하는데 사용되는 볼트에 해당하는 것은?

㉮ 스테이볼트 ㉯ 아이볼트
㉰ 나비볼트 ㉱ 기초볼트

35 성크 키의 길이가 150mm, 키에 발생하는 전단하중은 60KN, 키의 너비와 높이와의 관계는 $b=1.5h$라고 할 때 허용 전단응력 20MPa라 하면 키의 높이는 약 몇 mm 이상이어야 하는가? (단, b는 키의 너비, h는 키의 높이이다.)

㉮ 8.2 ㉯ 10.5
㉰ 13.3 ㉱17.9

해 $\tau = \frac{P}{A}$

36 볼나사(ball screw)의 장점에 해당되지 않는 것은?

㉮ 마찰이 매우 적고, 기계효율이 높다.
㉯ 예압에 의하여 치면놀이(backlash)를 작게 할 수 있다.
㉰ 미끄럼 나사보다 내충격성 및 감쇠성이 우수하다.
㉱ 시동 토크, 또는 작동 토크의 변동이 적다.

37 다음 중에서 가장 큰 동력을 전달할 수 있는 것은?

㉮ 안장 키 ㉯ 묻힘 키
㉰ 납작 키 ㉱ 스플라인

38 암나사와 수나사가 결합되어 있을 때 암나사를 3회전하였더니 축 방향으로 15mm, 산수는 6산 나간다. 이와 같은 나사의 조건은?

㉮ 피치 : 2.5mm, 리드 : 5mm
㉯ 피치 : 2.5mm, 리드 : 2.5mm
㉰ 피치 : 5mm, 리드 : 10mm
㉱ 피치 : 5mm, 리드 : 5mm

39 미터나사의 피치가 $3mm$이고, 유효지름 d_e는 22.051mm일 때 나사 효율 η는 약 얼마인가? (단, 마찰계수 $\mu = 0.105$이다.)

㉮ $\eta = 26.2\%$　　㉯ $\eta = 32.2\%$

㉰ $\eta = 39.2\%$　　㉱ $\eta = 48.8\%$

해 $\mu' = \dfrac{\mu}{\cos\frac{\alpha}{2}} = \dfrac{0.105}{\cos 30^\circ} = 0.12124$

$\mu' = \tan\rho$

$\therefore \rho = 6.9128^\circ$

$\alpha = \tan^{-1}\dfrac{3}{22.051 \times \pi} = 2.4796^\circ$

$\eta = \dfrac{\tan\alpha}{\tan(\alpha+\rho)} = 0.26719$

40 피치가 1mm인 2줄 나사에서 90° 회전시키면 나사가 움직인 거리는 몇 mm인가?

㉮ 4　　㉯ 2　　㉰ 1　　㉱ 0.5

해 $l = np$

41 안지름 500mm, 최고사용압력 120N/cm^2의 보일러의 강판의 두께는 약 몇 mm정도가 적당한가? (단, 강판의 인장강도 350MPa, 안전율 4.75, 리벳이음의 효율 $\eta = 0.58$로 하며, 부식여유는 1mm로 한다.)

㉮ 4.12　　㉯ 6.05

㉰ 13.76　　㉱ 8.02

해 $\sigma = \dfrac{PDS}{2t\eta} + t$

42 핀 전체가 두 갈래로 되어있어 너트의 풀림 방지나 핀이 빠져 나오지 않게 하는데 사용되는 핀은?

㉮ 테이퍼 핀　　㉯ 너클 핀
㉰ 분할 핀　　㉱ 평행 핀

43 940$N \cdot m$의 토크를 전달하는 지름 50mm인 축에서 안전하게 사용할 키의 최소 길이는 약 몇 mm인가? (단, 묻힘키의 폭과 높이 $b \times h = 12mm \times 8mm$이고, 키의 허용 전단응력은 78.4$N/mm^2$이다.)

㉮ 40　　㉯ 50　　㉰ 60　　㉱ 70

해 $T = \frac{d}{2}\tau bl$

44 다음 중 운동용 나사에 해당하지 않는 것은?

㉮ 사각 나사　　㉯ 사다리꼴 나사
㉰ 톱니 나사　　㉱ 미터 나사

45 마찰에 의하여 회전력을 전달하며 축의 임의의 위치에 보스를 고정할 수 있는 키는?

㉮ 미끄럼키　　㉯ 스플라인
㉰ 접선키　　㉱ 원뿔키

46 M22볼트(골지름 19.294mm)가 그림과 같이 2장의 강판을 고정하고 있다. 체결 볼트의 허용전단 응력이 39.25MPa라 하면 최대 몇 KN 까지의 하중을 받을 수 있는가?

㉮ 3.21　　㉯ 7.54
㉰ 11.48　　㉱ 22.96

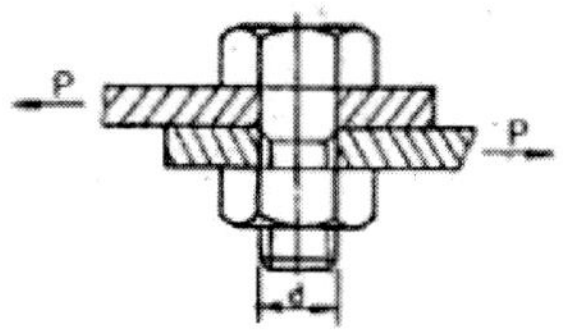

47 판의 두께 $12mm$, 리벳의 지름 $19mm$, 피치 $50mm$인 1줄 겹치기 리벳 이음을 하고자 한다. 한 피치 당 $12.26KN$의 하중이 작용할 때 생기는 인장응력과 리벳이음의 판의 효율은 각각 얼마인가?

㉮ $32.93MPa$, 76%
㉯ $32.93MPa$, 62%
㉰ $16.98MPa$, 76%
㉱ $16.98MPa$, 62%

해 $\eta = \frac{p-d}{p}$

48 리드각 α, 마찰계수 $\mu = \tan\rho$인 나사의 자립(自立)조건을 만족하는 것은?

(단, ρ는 마찰각을 의미한다.)

㉮ $\alpha < 2\rho$ ㉯ $2\alpha < \rho$
㉰ $\alpha < \rho$ ㉱ $\alpha > \rho$

49 다음 중 전달할 수 있는 회전력의 크기가 가장 큰 키(Key)는 ?

㉮ 접선 키 ㉯ 안장 키
㉰ 평행 키 ㉱ 둥근 키

50 리벳이음에서 리벳 지름을 d, 피치를 p라 할 때 강판의 효율 η로 옳은 것은?

(단, 1줄 리벳 겹치기 이음이다.)

㉮ $\eta = 1 - \frac{d}{p}$ ㉯ $\eta = \frac{d}{p} - 1$
㉰ $\eta = 1 - \frac{p}{d}$ ㉱ $\eta = 1 + \frac{d}{p}$

51 이론적으로 사각나사의 효율을 최대로 하는 리드각(λ)은 얼마인가? (단, ρ는 마찰각이다.)

㉮ $\lambda = 45° + \frac{\rho}{2}$
㉯ $\lambda = 45° - \frac{\rho}{2}$
㉰ $\lambda = 45° + \rho$
㉱ $\lambda = 45° - \rho$

52 다음 중 나사의 효율에 관한 식으로 맞는 것은?

㉮ $\text{나사의 효율} = \frac{\text{마찰이 없는 경우 회전력}}{\text{마찰이 있는 경우 회전력}}$

㉯ $\text{나사의 효율} = \frac{\text{마찰이 있는 경우 회전력}}{\text{마찰이 없는 경우 회전력}}$

㉰ $\text{나사의 효율} = \frac{\text{나사의 1피치}}{\text{나사의 1리드}}$

㉱ $\text{나사의 효율} = \frac{\text{나사의 1리드}}{\text{나사의 1피치}}$

53 2줄 나사의 리드(lead)가 3㎜인 경우는 피치는 몇 ㎜ 인가?

㉮ 1.5
㉯ 3
㉰ 6
㉱ 12

54 리벳 이음의 장점에 해당하지 않은 것은?

㉮ 열응력에 의한 잔류응력이 생기지 않는다.
㉯ 경합금과 같이 용접이 곤란한 재료의 결합에 적합하다.
㉰ 리벳 이음한 구조물에 대해서 분해 조립이 간편하다.
㉱ 구조물 등에 사용할 때 현장조립의 경우 용접작업보다 용이하다.

55 2개의 강판에 대해 동일한 재질의, 동일한 리벳 지름으로 다음과 같은 이음 방법을 적용하고자 할 때 강판에 가할 수 있는 인장력이 가장 큰 것은?

㉮ 2줄 겹치기 이음
㉯ 양쪽 덮개판 1줄 맞대기 이음
㉰ 한쪽 덮개판 2줄 맞대기 이음
㉱ 양쪽 덮개판 2줄 맞대기 이음

56 1줄 사각나사의 접촉면 마찰계수가 0.15이고, 이 나사의 리드각이 3.8° 일 때 이 나사의 효율은 약 몇 % 인가?

㉮ 30.4 ㉯ 32.4
㉰ 34.5 ㉱ 37.8

57 10kN의 축 하중이 작용하는 볼트에서 볼트의 허용인장응력이 60MPa 일 때 축 하중을 견디기 위한 볼트의 최소 골 지름은 약 몇 mm 인가?

㉮ 14.6 ㉯ 18.4 ㉰ 22.5 ㉱ 25.7

해 $\sigma = \frac{P}{A}$

58 허용전단응력 $60N/mm^2$의 리벳이 있다. 이 리벳에 15kN의 전단 하중을 작용시킬 때 리벳의 지름은 약 몇 mm 이상이여야 안전한가?

㉮ 17.85 ㉯ 20.50
㉰ 25.25 ㉱ 30.85

해 $\tau = \frac{P}{A}$

59 키 재료의 허용전단응력이 $6N/mm^2$, 키의 폭X높이가 16mm x 10mm인 성크 키를 지름이 50mm인 축에 사용하여 250rpm으로 4Kw를 전달시킬 때 성크 키의 길이는 몇mm 이상 이어야 하는 가?

㉮ 51 ㉯ 64 ㉰ 78 ㉱ 93

해 $T = 9545000\frac{H}{N} = \frac{d}{2}\tau bl$

60 볼나사(ball screw)의 장점에 해당되지 않는 것은?

㉮ 미끄럼 나사보다 내충격성 및 감쇠성이 우수하다.
㉯ 예압에 의하여 치면높이 (back lash)를 적게 할 수 있다
㉰ 마찰이 매우 적고, 기계효율이 높다
㉱ 시동 토크 또는 작동 토크의 변동이 적다

61 안지름 400mm내압 $1N/mm^2$의 실린더 커버를 12개의 볼트로써 체결할 경우 체결 볼트의 골지름은 약 몇 mm이상이어야 하는가? (단 볼트 재료의 허용인장응력은 48MPa이고 인장력만 작용한다고 가정한다)

㉮ 26.87　　㉯ 24.45
㉰ 20.18　　㉱ 16.67

해 $\frac{\pi d^2}{4}\times\sigma\times Z=\frac{\pi D^2}{4}\times p$

$d^2=\frac{D^2 p}{\sigma Z}$

62 $3000kgf$의 수직방향 하중이 작용하는 나사잭을 설계할 때, 나사잭 볼트의 바깥지름은 얼마인가? (단, 허용응력은$6kgf/mm^2$,골지름은 바깥지름의 0.8배이다.)

㉮ 12mm　　㉯ 32mm
㉰ 74mm　　㉱ 126mm

해 $d=\sqrt{\frac{2W}{\sigma}}$

63 너클 핀 이음에서 인장력이 50kN인 핀의 허용전단응력을 50Mpa이라고 할 때, 핀의 지름 d는 몇 mm인가?

㉮ 22.8　　㉯ 25.2　　㉰ 28.2　　㉱ 35.7

해 $\tau=\frac{P}{A}$

64 다음 나사산의 각도 중 틀린 것은?

㉮ 미터보통나사 60°
㉯ 관용평행나사 55°
㉰ 유니파이보통나사 60°
㉱ 미터사다리꼴나사 35°

65 바깥지름이 24mm인 1줄 사각나사에서 피치는 4mm, 유효지름은 22.051mm이고, 나사 접촉부 마찰계수는 0.1일 때 나사의 효율은?

㉮ 36.4%　　㉯ 38.4%
㉰ 40.4%　　㉱ 42.4%

해 $\mu = \tan\rho$

$\rho = 5.71^\circ$

$\tan\alpha = \dfrac{4}{\pi \times 22.051}$

$\alpha = \tan^{-1}\dfrac{4}{\pi \times 22.051} = 3.3^\circ$

$\eta = \dfrac{\tan 3.3}{\tan(3.3 + 5.71)} = 0.3636$

66 축에 풀리, 기어, 플라이휠, 커플링 등의 회전체를 고정시켜서 원주 방향의 상대적인 운동을 방지하면서 회전력을 전달시키는 기계요소는?

㉮ 볼트　　㉯ 코터　　㉰ 리벳　　㉱ 키

67 다음과 같은 리벳에 작용하는 강도 중 가장 중요하게 고려해야 할 강도는? (단, 판이 아닌 리벳만을 고려한다.)

㉮ 압축강도　　㉯ 전단강도
㉰ 비틀림강도　　㉱ 굽힘강도

68 지름 20mm 피치 2mm인 3줄 나사를 1/2회전 하였을 때 이 나사의 진행거리는 몇 mm 인가?

㉮ 1 ㉯ 3 ㉰ 4 ㉱ 6

69 다음 중 축에는 가공을 하지 않고 보스 쪽에만 홈을 가공하여 조립하는 키는?

㉮ 안장키 (saddle key)
㉯ 납작키 (flat key)
㉰ 묻힘키 (sunk key)
㉱ 둥근키 (round key)

70 30° 미터 사다리꼴나사 (1줄 나사)의 유효지름이 18mm 이고 피치는 4mm 이며 나사 접촉부 마찰 계수는 0.15일 때 이 나사의 효율은 약 몇 % 인가?

㉮ 24% ㉯ 27% ㉰ 31% ㉱ 35%

해 $\mu' = \dfrac{\mu}{\cos\dfrac{\alpha}{2}} = \dfrac{0.15}{\cos 15^\circ} = 0.1553$

$\mu' = \tan\rho$

$\therefore \rho = 8.827^\circ$

$\alpha = \tan^{-1}\dfrac{4}{18\times\pi} = 4.046^\circ$

$\eta = \dfrac{\tan\alpha}{\tan(\alpha+\rho)} = 0.309$

71 942N.m의 토크를 전달하는 지름 50mm인 축에 사용할 묻힘 키(폭×높이= 12mm×8mm)의 길이는 최소 몇 mm 이상이어야 하는가? (단, 키의 허용전단응력은 78.48N/mm^2 이다)

㉮ 30 ㉯ 40 ㉰ 50 ㉱ 60

해 $l = \dfrac{2T}{\tau bd}$

72 두께 10mm 강판을 지름 20mm 리벳으로 한줄 겹치기 리벳 이음을 할 때 리벳에 발생하는 전단력과 판에 작용하는 인장력이 같도록 할 수 있는 피치는 약 몇 mm인가?

(단 리벳에 작용하는 전단응력과 판에 작용하는 인장응력은 동일하다고 본다.)

㉮ 51.4　　㉯ 73.6
㉰ 163.6　　㉱ 205.6

해 $(p-d) \cdot t \cdot \sigma = \frac{\pi d^2}{4} \cdot \tau$

73 1줄 겹치기 리벳 이음에서 피치는 리벳 지름의 3배이고, 리벳의 전단력과 강판의 인장력이 같을 때 강판 두께(T)와 리벳지름(D)과의 관계는?

(단, 강판에서 발생하는 인장응력은 리벳에서 발생하는 전단응력의 2배 이다)

㉮ $t = \pi d/16$　　㉯ $t = \pi d/4$
㉰ $t = \pi d/8$　　㉱ $t = \pi d/2$

74 압축력이 12760N, 코터의 두께 10mm 코터의 폭이 20mm일 때 코터의 전단응력은 약 몇 MPa 인가?

㉮ 31.9　　㉯ 319　　㉰ 63.8　　㉱ 638

75 유효 지름이 모두 동일한 미터 보통 나사에서 리드각이 가장 큰 것은?

㉮ 피치 5mm인 1줄 나사
㉯ 피치 3.5mm인 2줄 나사
㉰ 피치 2mm인 3줄 나사
㉱ 피치 6mm인 1줄 나사

76 용접 이음의 장점에 해당하지 않는 것은?

㉮ 열에 의한 잔류응력이 거의 발생하지 않는다.
㉯ 공정수를 줄일 수 있고, 제작비가 싼 편이다.
㉰ 기밀 및 수밀성이 양호하다.
㉱ 작업의 자동화가 용이하다.

77 볼트 이음이나 리벳 이음 등과 비교하여 용접 이음의 일반적인 장점으로 틀린 것은?

㉮ 잔류응력이 거의 발생하지 않는다.
㉯ 기밀 및 수밀성이 양호하다
㉰ 공정수를 줄일 수 있고, 제작비가 싼 편이다
㉱ 전체적인 제품 중량을 적게 할 수 있다

78 다음 중 용접 이음의 장점으로 틀린 것은?

㉮ 사용재료의 두께에 제한이 없다.
㉯ 용접이음은 기밀유지가 불가능하다.
㉰ 이음 효율을 100%까지 할 수 있다.
㉱ 리벳, 볼트 등의 기계 결합 요소가 필요 없다.

79 다음 중 용접이음의 단점에 속하지 않는 것은?

㉮ 내부 결함이 생기기 쉽고 정확한 검사가 어렵다
㉯ 용접공의 기능에 따라 용접부의 강도가 좌우 된다
㉰ 다른 이음작업과 비교하여 작업공정이 많은 편이다
㉱ 잔류응력이 발생하기 쉬워서 이를 제거해야 하는 작업이 필요하다.

80 맞대기 용접이음에서 압축하중을 W 용접부의 길이를 ℓ , 판의 두께를 t 라 할 때 용접부의 압축 응력을 계산하는 식으로 옳은 것은?

㉮ $\sigma = \dfrac{W\ell}{t}$　　㉯ $\sigma = \dfrac{W}{t\ell}$

㉰ $\sigma = Wt\ell$　　㉱ $\sigma = \dfrac{t\ell}{W}$

81 다음 그림과 같은 맞대기 용접 이음에서 인장하중 $W[N]$, 강판의 두께 $h[mm]$라 할 때 용접길이 $l[mm]$를 구하는 식으로 가장 옳은 것은? (단, 상하의 용접부목 두께가 각각 $t_1[mm]$, $t_2[mm]$이고, 용접부에서 발생하는 인장응력 $\sigma_1[N/mm^2]$이다.)

㉮ $l = \dfrac{W}{h\sigma_t}$　　㉯ $l = \dfrac{W}{(t_1 + t_2)\sigma_t}$

㉰ $l = \dfrac{0.707\,W}{h\sigma_t}$　　㉱ $l = \dfrac{0.707\,W}{(t_1 + t_2)\sigma_t}$

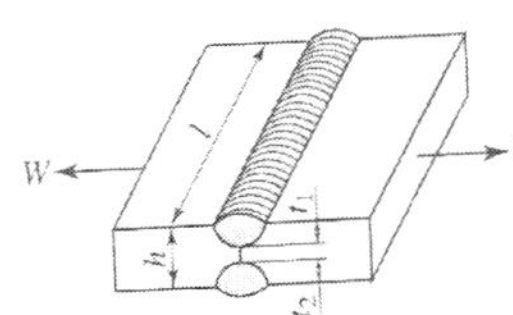

82 그림과 같은 용접이음에서 용접부에 발생하는 인장응력은 얼마인가?

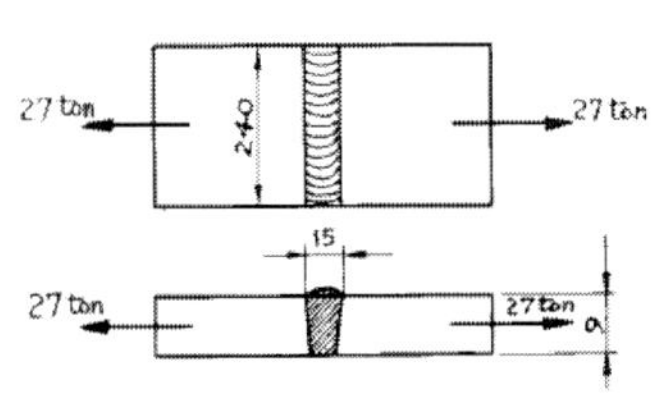

㉮ 7.5kgf/mm2　　㉯ 12.5kgf/mm2

㉰ 18.8kgf/mm2　　㉱ 25.6kgf/mm2

해 $\sigma = \dfrac{W}{tl}$

83 정(Chisel) 등의 공구를 사용하여 리벳머리의 주위와 강판의 가장자리를 두드리는 작업을 코킹(caulking)이라 하는데, 이러한 작업을 실시하는 목적으로 적절한 것은?

㉮ 리벳팅 작업에 있어서 강판의 강도를 크게 하기 위하여
㉯ 리벳팅 작업에 있어서 기밀을 유지하기 위하여
㉰ 리벳팅 작업 중 파손된 부분을 수정하기 위하여
㉱ 리벳이 들어갈 구멍을 뚫기 위하여

84 축 방향으로 보스를 미끄럼 운동시킬 필요가 있을 때 사용하는 키는?

㉮ 페더(feather) 키
㉯ 반달(woodruff) 키
㉰ 성크(sunk) 키
㉱ 안장(saddle) 키

85 M22볼트(골지름 19.294mm)가 그림과 같이 2장의 강판을 고정하고 있다. 체결 볼트의 허용전단 응력이 36.15MPa라 하면 최대 몇 kN까지의 하중(P)을 견딜 수 있는가?

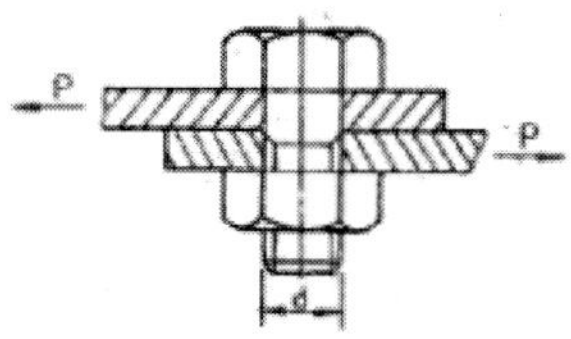

㉮ 3.21　　㉯ 7.54　　㉰ 10.57　　㉱ 11.48

해답																				
	1	㉱	2	㉰	3	㉰	4	㉮	5	㉯	6	㉮	7	㉮	8	㉮	9	㉮	10	㉮
	11	㉰	12	㉱	13	㉯	14	㉰	15	㉯	16	㉱	17	㉱	18	㉱	19	㉰	20	㉯
	21	㉱	22	㉰	23	㉮	24	㉰	25	㉰	26	㉰	27	㉮	28	㉯	29	㉱	30	㉰
	31	㉰	32	㉱	33	㉱	34	㉱	35	㉰	36	㉰	37	㉱	38	㉮	39	㉮	40	㉱
	41	㉱	42	㉰	43	㉮	44	㉱	45	㉱	46	㉰	47	㉯	48	㉰	49	㉮	50	㉮
	51	㉯	52	㉮	53	㉮	54	㉰	55	㉱	56	㉮	57	㉮	58	㉮	59	㉯	60	㉮
	61	㉱	62	㉯	63	㉯	64	㉱	65	㉮	66	㉱	67	㉯	68	㉯	69	㉮	70	㉰
	71	㉯	72	㉮	73	㉮	74	㉮	75	㉯	76	㉮	77	㉮	78	㉯	79	㉰	80	㉯
	81	㉯	82	㉯	83	㉯	84	㉮	85	㉰										

제 3 장 축(Shaft) 관계 기계요소

1 베어링 번호 No.6208인 레이디얼 볼 베어링 안지름은?

㉮ 20㎜ ㉯ 30㎜ ㉰ 40㎜ ㉱ 50㎜

해 00 : 10mm, 01 : 12mm, 02 : 15mm, 03 : 17mm,
안지름 20mm 이상 500mm 미만은 안지름을 5로 나눈 수가 안지름 번호이다.

2 하중을 받치는 방향에 따라 베어링을 분류할 때 레이디얼 베어링의 설명으로 맞는 것은?

㉮ 축에 직각방향의 하중을 받쳐 주는 베어링,
㉯ 축 방향의 하중을 받쳐 주는 베어링.
㉰ 축의 직각방향과 축 방향의 두 하중을 받쳐 주는 베어링.
㉱ 하중의 방향이 회전축의 축선과 일치하는 베어링.

3 끝 저널에 가해지는 베어링 하중을 P,저널 길이는 l,저널의 지름을 d라고 할 때, 베어링 압력 p를 구하는 식은?

㉮ $p = \frac{Pl}{d}$ ㉯ $p = \frac{Pd}{l}$

㉰ $p = \frac{P}{dl}$ ㉱ $p = dlP$

4 $3,000kgf-cm$의 비틀림 모멘트가 작용하는 지름이 3㎝인 축의 최대 비틀림 응력(kgf/cm^2)은 약 얼마인가?

㉮ 566 ㉯ 656
㉰ 696 ㉱ 550

해 $T=\tau Z_p=\tau\frac{\pi d^3}{16}$

5 베어링과 접촉하는 축 부분을 무엇이라 하는가?

㉮ 리테이너 ㉯ 전동체
㉰ 저널 ㉱ 롤러

6 회전수가 $N[rpm]$인 볼 베어링의 수명시간(L_h)은? (단, P는 베어링 하중, C는 기본 부하용량이다.)

㉮ $L_A=500(\frac{C}{P})^3\frac{33.3}{N}$

㉯ $L_A=500(\frac{P}{C})^3\frac{33.3}{N}$

㉰ $L_A=500(\frac{C}{P})^3\frac{N}{33.3}$

㉱ $L_A=500(\frac{P}{C})^3\frac{N}{33.3}$

7 외경 10㎝, 내경5㎝의 속빈 원통이 축방향으로 10톤의 인장하중을 받고 있다. 이때 재료에 발생하는 응력은 약 얼마인가?

㉮ $1.69kgf/㎜^2$ ㉯ $874.5kgf/㎜^2$
㉰ $8.74kgf/㎜^2$ ㉱ $169.8kgf/㎜^2$

해 $\sigma=\frac{P}{A}=\frac{4\times P}{\pi(d_2^2-d_1^2)}$

8 레이디얼 볼 베어링 6208에서 08의 숫자는 다음 중 무엇을 표시하는가?

㉮ 볼의 크기 ㉯ 내륜의 내경
㉰ 외륜의 외경 ㉱ 하중의 크기

9 앤드 저널로서 직경 60㎜, 폭경비가 $\frac{l}{d}=2.5$일 때 베어링 하중은 몇 kN인가?

(단, 허용 베어링 압력은 $3.92N/㎟$이다.)

㉮ 27.5 ㉯ 30.3
㉰ 35.3 ㉱ 41.2

해 $p=\frac{P}{dl}$

10 그림과 같은 기어열에서 각각의 잇수가 $Z_A=16, Z_B=60, Z_C=12, Z_D=64$인 경우 A기어가 있는 Ⅰ축이 1,500rpm일 때 D기어가 있는 Ⅲ축의 회전수는 얼마인가?

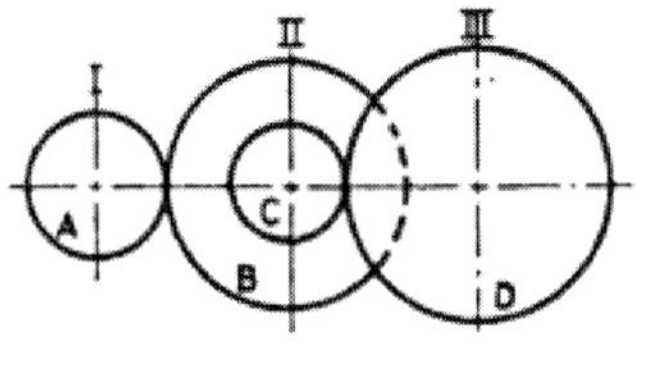

㉮ 56 rpm ㉯ 60 rpm
㉰ 75 rpm ㉱ 85 rpm

11 회전수가 3,000rpm일 때 전달력이 5PS인 둥근 축의 비틀림 모멘트는 약 몇 $kgf-㎜$인가?

㉮ 1089.6 ㉯ 1193.7
㉰ 1449.5 ㉱ 1623.4

해 $T=716200\frac{H}{N}Kg-mm$

12 금속 분말을 가압 · 소결하여 성형한 뒤 윤활유를 입자 사이의 공간에 스며들게 한 것으로 급유가 곤란한 곳 또는 급유를 하지 않는 곳에 사용하는 베어링은?

㉮ 오일리스 베어링
㉯ 니들 베어링
㉰ 앵글러 볼 베어링
㉱ 롤러 베어링

13 레이디얼 저널베어링에 작용하는 압력 p를 구하는 식은? (단, W : 베어링하중, d : 저널의 지름, l: 저널의 길이이다.)

㉮ $p = \frac{dl}{W}$
㉯ $p = \frac{W}{dl}$
㉰ $p = \frac{d}{Wl}$
㉱ $p = \frac{W}{d^2 l}$

14 축을 설계할 때 고려해야 할 사항이 아닌 것은?

㉮ 강도 및 변형
㉯ 진동
㉰ 회전방향
㉱ 열응력

15 회전수 200rpm인 연강축 플랜지 커플링에서 40PS 동력을 전달시키려면 축의 지름은 최소 몇 mm 이상이 좋은가? (단, 축의 허용비틀림 응력 $\tau_a = 2kgf/\text{mm}^2$이며, 측은 비틀림 모멘트만 고려한다.)

㉮ 72
㉯ 77
㉰ 82
㉱ 87

해 $T = 716200\frac{H}{N} = \tau Z_p$

16 원통커플링에서 원통을 조이는 힘을 P라 하면 이 마찰 커플링의 전달 토크는? (단, 마찰계수 μ,축의 지름을 d,축과 원통의 접촉 길이(커플링의 길이)를 L로 한다.)

㉮ $T = \mu\pi Pd$
㉯ $T = 2\mu Pd$
㉰ $T = \frac{\mu\pi PdL}{2}$
㉱ $T = \frac{\mu\pi Pd}{2}$

17 볼베어링에서 기본 베어링 수명이 L_1일 때, 동일 조건하에 베어링에 가하는 하중을 2배로 하며, 이 때 베어링 수명(L_2)은 어떻게 되는가?

㉮ $L_2 = 2L_1$　　㉯ $L_2 = \frac{1}{2}L_1$

㉰ $L_2 = 8L_1$　　㉱ $L_2 = \frac{1}{8}L_1$

해 $L_h = \frac{10^6}{60 \times n}(\frac{C}{P})^3$

18 회전속도가 200rpm으로 7.35kW를 전달하는 연강 중실축으로 지름은 몇 ㎜ 이상이어야 하는가? (단, 허용응력 $\tau = 20.58N/㎟$이고, 축은 비틀림 모멘트만을 받는다.)

㉮ 44.3　　㉯ 49.1

㉰ 54.7　　㉱ 59.8

해 $T = 9545000\frac{H}{N} = \tau Z_p$

19 원통형 커플링(cylindrical coupling)의 종류에 해당하지 않은 것은?

㉮ 플랜지 커플링　　㉯ 머프 커플링

㉰ 마찰원통 커플링　　㉱ 셀러 커플링

20 베어링 번호가 No.6206인 롤링베어링의 안지름은?

㉮ 6[㎜]　　㉯ 20[㎜]

㉰ 30[㎜]　　㉱ 40[㎜]

21 미끄럼 베어링 재료의 구비조건으로 틀린 것은?

㉮ 마찰저항이 클 것
㉯ 내식성이 높을 것
㉰ 피로한도가 높은 것
㉱ 열전도율이 높을 것

22 볼베어링 수명에 대한 설명으로 맞는 것은?

㉮ 반지름방향 동등가하중의 3배에 비례한다.
㉯ 반지름방향 동등가하중의 3승에 비례한다.
㉰ 반지름방향 동등가하중의 3배에 반비례한다.
㉱ 반지름방향 동등가하중의 3승에 반비례한다.

23 100N · m 의 굽힘 모멘트를 받는 중실축의 지름은 약 몇 ㎜ 이상이어야 하는가? (단, 중실축의 허용 굽힘응력은 98MPa 이다.)

㉮ 12㎜　　㉯ 18㎜
㉰ 22㎜　　㉱ 32㎜

해 $M=\sigma Z=\sigma\frac{\pi d^3}{32}$

24 두 개의 축이 평행하고, 그 축의 중심선의 위치가 약간 어긋났을 경우, 각속도는 변화 없이 회전동력을 전달시키려고 할 때 사용되는 가장 적합한 커플링은?

㉮ 플랜지 커플링(flange coupling)
㉯ 올덤 커플링(oldham coupling)
㉰ 머프 커플링(muff coupling)
㉱ 유니버설 커플링(universal coupling)

25 축의 직경 5㎝, 길이 10㎝인 저널 베어링에 4kN의 하중이 걸리는 경우 저널 베어링 압력은 몇 N/㎠인가?

㉮ 240　　㉯ 40
㉰ 160　　㉱ 80

해 $p = \frac{P}{dl}$

26 기본 부하용량이 33000N이고, 베어링하중이 4000N인 볼베어링이 900rpm로 회전할 때, 베어링의 수명시간은 약 몇 시간인가?

㉮ 9050　　㉯ 9500
㉰ 10400　　㉱ 11500

해 $L_h = \frac{10^6}{60N}(\frac{C}{P})^3$

27 지름 5cm의 축이 300rpm으로 회전할 때 최대로 전달할 수 있는 동력은 약 몇 KW인가? (단, 축의 허용 비틀림 응력은 39.2MPa이다.)

㉮ 8.59　　㉯ 16.84
㉰ 30.23　　㉱ 181.38

해 $T = \tau Z_p = 9545000\frac{H}{N}$

28 스플라인에 대한 설명으로 틀린 것은?

㉮ 축에 여러개의 같은 키 홈을 파서 여기에 맞는 한 짝의 보스 부분을 만들어 축방향으로 서로 미끄러져 운동할 수 있게 한 것이다.
㉯ 종류에는 각형 스플라인, 헬리컬 스플라인, 세레이션 등이 있다.
㉰ 용도는 주로 변속장치, 자동차 변속기 등의 속도 변환용 축에 사용된다.
㉱ 키 보다 큰 토크를 전달할 수 있다.

29 400rpm으로 전동축을 지지하고 있는 미끄럼 베어링에서 저널의 지름 $d = 6cm$, 저널의 길이 $l = 10cm$이고, $4.2KN$의 레이디얼 하중이 작용할 때, 베어링 압력은 몇 MPa인가?

㉮ 0.5 ㉯ 0.6

㉰ 0.7 ㉱ 0.8

해 $p = \frac{P}{dl}$

30 축지름 5cm, 저널 길이 10cm인 상태에서 300rpm으로 전동축을 지지하고 있는 미끄럼 베어링에서 $P = 4000N$의 레이디얼 하중이 작용할 때 베어링 압력은 약 몇 MPa인가?

㉮ 0.6 ㉯ 0.7

㉰ 0.8 ㉱ 0.9

해 $p = \frac{P}{dl}$

31 7$KN \cdot m$의 비틀림 모멘트와 14$KN \cdot m$의 굽힘 모멘트를 동시에 받는 축의 상당 굽힘 모멘트는 몇 $KN \cdot m$인가?

㉮ 14.83 ㉯ 211.65

㉰ 15.65 ㉱ 31.46

32 유연성 커플링(flexible coupling)의 종류가 아닌 것은?

㉮ 기어 커플링

㉯ 롤러 체인 커플링

㉰ 다이어프램 커플링

㉱ 머프 커플링

33 저널 베어링에서 사용되는 페트로프의 식에서 마찰저항과의 관계를 설명한 것으로 틀린 것은?

㉮ 베어링 압력이 클수록 마찰저항은 커진다.
㉯ 축의 반지름이 클수록 마찰저항은 커진다
㉰ 유체의 절대정성계수가 클수록 마찰저항은 커진다.
㉱ 회전수가 클수록 마찰저항은 커진다.

34 축선에서의 약간의 어긋남을 허용하면서 충격과 진동을 감소시키는 축이음은?

㉮ 유니버셜조인트
㉯ 플렉시블 커플링
㉰ 클램프 커플링
㉱ 올덤 커플링

35 직경 $50mm$의 축이 $78.4N \cdot m$의 비틀림 모멘트와 $49N \cdot m$굽힘 모멘트를 동시에 받을 때, 축에 생기는 최대전단 응력은 몇 MPa인가?

㉮ 2.88
㉯ 3.77
㉰ 4.56
㉱ 5.79

해 $T = \tau Z_p$
$T_e = \sqrt{M^2 + T^2}$

36 베어링 하중 $4.9KN$, 회전수 $4000rpm$일 때 기본 부하용량이 $61.74KN$인 볼 베어링의 수명은 약 몇 시간인가?

㉮ 8335시간
㉯ 19229시간
㉰ 9615시간
㉱ 16666시간

해 $L_h = \frac{10^6}{60N}(\frac{C}{P})^3$

37 미끄럼 베어링 재료의 구비조건으로 틀린 것은?

㉮ 마찰계수가 클 것
㉯ 내식성이 높을 것
㉰ 피로 한도가 높을 것
㉱ 열전도율이 높을 것

38 400rpm으로 4KW의 동력을 전달하는 중실 스핀들 축의 최소 지름은 약 몇 mm인가?

(단, 축의 허용전단응력은 20.60MPa이다.)

㉮ 29 ㉯ 13 ㉰ 48 ㉱ 36

39 90rpm으로 회전하고 980N의 하중을 받는 레이디얼 볼베어링의 기본 동정격하중은 약 몇 KN인가?(단, 하중계수는 1로 하고, 수명은 5000시간으로 한다.)

㉮ 2.94 ㉯ 4.91
㉰ 8.83 ㉱ 15.70

해 $L_h = \frac{10^6}{60N}(\frac{C}{P})^3$

40 축의 자중을 무시하고 회전축의 중심에서 1개의 회전체의 하중에 의해 축의 처짐이 0.01mm발생하면 추의 위험속도는 약 몇 rpm인가?

㉮ 4598rpm ㉯ 6420rpm
㉰ 9458rpm ㉱ 14568rpm

해 $w_c = \sqrt{\frac{g}{\delta}} = \sqrt{\frac{9.8\times10^3}{0.01}}$

$N_c = \frac{60w_c}{2\pi} = \frac{30}{\pi}\sqrt{\frac{g}{\delta}}$

41 중공축의 안지름과 바깥지름의 비를 $x(<1)$라 할 때, 동일한 비틀림 모멘트에 대해서 동일한 비틀림 응력이 발생하기 위한 중실축 지름(d)과 중공축의 바깥지름(d_2)의 비 d_2/d는? (단, 중실축과 중공축의 재질은 같다.)

㉮ $\sqrt[3]{1-x^4}$　　㉯ $\sqrt[4]{1-x^4}$

㉰ $\dfrac{1}{\sqrt[3]{1-x^4}}$　　㉱ $\dfrac{1}{\sqrt[4]{1-x^4}}$

42 800rpm으로 회전하고 1KN의 하중을 받고 있는 단열 레이디얼 볼베어링의 수명이 20000시간이라 하면, 다음 중 어느 베어링을 사용하는 것이 가장 적당한가? (단, C는 기본 동정격하중이다.)

㉮ $6202(C=6KN)$

㉯ $6203(C=8KN)$

㉰ $6205(C=10KN)$

㉱ $6206(C=15KN)$

43 축의 재료와 키(Key)의 재료가 같은 경우 축의 지름이 50mm에 폭 10mm의 묻힘 키를 설치했을 때, 전단으로 키가 파손되지 않으려면 키의 길이는 약 몇 mm이상이 되어야하는가? (단, 키에서 발생하는 최대전단응력과 축에 발생하는 최대전단응력은 같다고 한다.)

㉮ 55　　㉯ 73

㉰ 99　　㉱ 126

해 $T=\tau Z_p=\dfrac{d}{2}bl\tau$

44 일반적으로 두 축이 같은 평면 내에서 일정한 각도로 교차하는 경우에 운동을 전달하는 축이음은?

㉮ 맞물림 클러치　　㉯ 플렉시블 커플링

㉰ 플랜지 커플링　　㉱ 유니버셜 조인트

45 볼 베어링의 기본부하용량 C, 베어링 이론하중 P_{th}, 회전수가 N일 때 베어링의 수명시간 L_h는? (단, 하중계수는 f_w, 속도계수는 f_n, 수명계수는 f_h이다.)

㉮ $L_h = 500f_n^3(\frac{C}{P_{th} \times f_w})^3$

㉯ $L_h = \frac{10^6}{60}f_n^3(\frac{C}{P_{th}})^3$

㉰ $L_h = 500f_h^3(\frac{C}{P_{th}})^3$

㉱ $L_h = 500f_n^{\frac{10}{3}}(\frac{C}{P_{th} \times f_w})^{\frac{10}{3}}$

46 축의 지름에 비하여 길이가 짧은 축을 말하며, 비틀림과 굽힘을 동시에 받는 축으로 공작기계의 주축 및 터빈축 등에 사용하는 것은?

㉮ 차축(axle shaft)

㉯ 전동축(transmission shaft)

㉰ 스핀들(spindle)

㉱ 유연성 축(flexible shaft)

47 구름베어링 중에서 가장 널리 사용되는 것으로 구조가 간단하고 정밀도가 높아서 고속회전용으로 적합한 베어링은 어느 것인가?

㉮ 깊은 홈 볼 베어링

㉯ 마그네토 볼 베어링

㉰ 앵귤러 볼 베어링

㉱ 자동 조심 볼 베어링

48 지름이 $50mm$이고 길이가 $100mm$인 저널 베어링에서 $5.9KN$의 하중을 지탱하고 있을 때 저널면에 작용하는 압력은 약 몇 MPa인가?

㉮ 0.21 ㉯ 0.59

㉰ 1.18 ㉱ 1.65

해 $p = \frac{P}{dl}$

49 베어링 설계 시 주의사항으로 옳지 않는 것은?

㉮ 마모가 적을 것.
㉯ 구조가 간단하여 유지보수가 쉬울 것
㉰ 마찰저항이 크고 손실 동력이 감소할 것
㉱ 강도를 충분히 유지할 것

50 축의 원주에 여러 개의 키를 가공한 것으로 큰 토크를 전달할 수 있고 내구력이 크며 축과 보스와의 중심축을 정확하게 맞출 수 있는 것은?

㉮ 스플라인 ㉯ 미끄럼 키
㉰ 묻힘 키 ㉱ 반달 키

51 지름이 20㎜인 축이 114rpm으로 회전할 때 최대 약 몇 kW의 동력을 전달 할 수 있는가?(단, 축 재료의 허용전단응력은 39.2㎫ 이다.)

㉮ 0.74 ㉯ 1.43
㉰ 1.98 ㉱ 2.35

해 $T = 9545000\frac{H}{N} = \tau Z_p$

52 베어링 설치 시 가해주는 예압(preload)에 관한 설명으로 틀린 것은?

㉮ 예압은 축의 흔들림을 적게 하고, 회전정밀도를 향상시킨다.
㉯ 베어링 내부 틈새를 줄이는 효과를 가진다.
㉰ 적절한 예압은 회전중의 베어링 소음을 감소시킬 수있다.
㉱ 예압 시 가해주는 압력이 높을수록 예압 효과가 커지므로 예압을 크게 할수록 베어링 수명에 유리하다.

53 1405$N \cdot m$의 토크를 전달시키는 지름 85㎜의 전동축이 있다. 이 축에 사용되는 묻힘 키(sunk key)의 길이는 전단과 압축을 고려하여 최소 몇 ㎜ 이상이어야 하는가? (단, 키의 폭은 24㎜, 높이는 16㎜ 이고, 키 재료의 허용전단응력은 68.7㎫, 허용압축 응력은 147.2㎫ 이며, 키 홈의 깊이는 키 높이의 1/2로 한다.)

㉮ 12.4　　㉯ 20.1
㉰ 28.1　　㉱ 36.7

54 981$N \cdot m$의 비틀림 모멘트를 받는 중실축의 지름은 약 몇 ㎜ 이상이어야 하는가? (단, 축 재료의 허용전단응력은 49.05㎫ 이다.)

㉮ 47　　㉯ 33
㉰ 27　　㉱ 19

55 400rpm으로 전동축을 지지하고 있는 미끄럼 베어링에서 저널의 지름은 6cm, 저널의 길이는 10cm 이고, 4.2kN의 레이디얼 하중이 작용할 때 베어링의 압력은 몇 MPa 인가?

㉮ 0.5　　㉯ 0.6　　㉰ 0.7　　㉱ 0.8

해 $p = \frac{P}{dl}$

56 다음 중 유연성 커플링(flexible coupling)이 아닌 것은?

㉮ 기어 커플링　　㉯ 셀러 커플링
㉰ 롤러 체인 커플링　　㉱ 벨로즈 커플링

57 미끄럼 베어링 재료에 요구되는 성질로 거리가 먼 것은?

㉮ 하중 및 피로에 대한 충분한 강도를 가질 것
㉯ 내 부식성이 강할 것
㉰ 유막의 형성이 용이할 것
㉱ 열 전도율이 작을 것

58 6000N.m의 비틀림 모멘트만을 받는 연강제 중실축의 지름은 몇 mm 이상이어야 하는가? (단 축의 허용전단응력은 $30N/mm^2$로 한다)

㉮ 81 ㉯ 91 ㉰ 101 ㉱ 111

해 $T = \tau Z_p$

59 구름베어링에서 전동 체의 원둘레에 고르게 배치하여 전동체가 몰리지 않고 일정한 간격을 유지할 수 있게 하여 전동 체의 접촉에 의한 마찰력을 방지하는 역할을 하는 것은?

㉮ 리테이너 ㉯ 내륜
㉰ 저널 ㉱ 실드플레이트

60 지름 7Cm 중실축과 비틀림강도가 같고 내 · 외경비가 0.8인 중공축의 바깥지름은 약 몇 mm인가?

㉮ 77.3 ㉯ 83.4 ㉰ 89.5 ㉱ 95.1

해 $T = \tau Z_p = \tau \frac{\pi d^3}{16} = \tau \frac{\pi (d_2^4 - d_1^4)}{16 d_2}$

61 260KN.mm의 토오크를 받는 직경 60mm의 회전축에 사용하는 묻힘 키의 폭x높이x길이 18mmx12mmx100mm이다. 이때 키에 생기는 전단응력은 ?

㉮ $6.1N/mm^2$ ㉯ $5.7N/mm^2$
㉰ $4.8N/mm^2$ ㉱ $3.2N/mm^2$

62 지름 50mm의 연강축을 사용하여 350rpm으로 40kW를 전달할 수 있는 묻힘 키의 길이는 몇 mm이상인가? (단, 키의 허용전단응력은 49.05Mpa, 키의 폭과 높이는 $b \times h = 15mm \times 10mm$이며 전단저항만 고려한다.)

㉮ 38 ㉯ 46 ㉰ 60 ㉱ 78

해 $T = 9545000 \frac{H}{N} = \frac{d}{2} \tau b l$

63 커플링의 설명으로 옳은 것은?

㉮ 플렌지커플링은 축심이 어긋나서 진동하기 쉬운 데 사용한다.
㉯ 플렉시블 커플링은 양축의 중심선이 일치하는 경우에만 사용한다.
㉰ 올덤 커플링은 두축이 평행으로 있으면서 축심이 어긋났을 때 사용한다.
㉱ 원통커플링의 지름은 축 중심선이 임의의 각도로 교차 되었을 때 사용한다.

64 다음 중 축 중심선에 직각 방향과 축방향의 힘을 동시에 받는다. 쓰이는 베어링으로 가장 적합한 것은?

㉮ 앵귤러 볼 베어링
㉯ 원통 롤러 베어링
㉰ 스러스트 볼 베어링
㉱ 레이디얼 볼 베어링

65 어떤 축이 굽힘모멘트 M과 비틀림모멘트 T를 동시에 받고 있을 때, 최대 주응력설에 의한 상당 굽힘 모멘트 Me는?

㉮ $Me = \frac{1}{2}(M+ \sqrt{M+ T})$

㉯ $Me = \frac{1}{2}(M^2+ \sqrt{M+ T})$

㉰ $Me = \frac{1}{2}(M+ \sqrt{M^2+ T^2})$

㉱ $Me = \frac{1}{2}(M^2+ \sqrt{M^2+ T^2})$

66 보통운전으로 회전수 300rpm, 베어링하중 110N을 받는 단열레디얼 볼 베어링의 기본 동정격하중은? (단, 수명은 6만 시간이고, 하중계수는 1.5이다.)

㉮ 1693N　　㉯ 169.3N
㉰ 1650N　　㉱ 165.0N

해 $L_h = \frac{10^6}{60N \times f_w}(\frac{C}{P})^3$

$$60000 = \frac{10^6}{60 \times 300 \times 1.5}(\frac{x}{110})^3$$

67 지름이 25mm이고 길이가 50mm인 저널 베어링에서 5.96kN의 하중을 지지하고 있을 때 저널 면에 작용하는 압력은 약 몇 MPa 인가?

㉮ 3.59 ㉯ 4.18 ㉰ 4.72 ㉱ 4.90

해 $p = \frac{P}{dl}$

68 축선에서의 약간의 어긋남을 허용하면서 충격과 진동을 감소시키는 축이음은?

㉮ 유니버셜 조인트 ㉯ 플렉시블 커플링
㉰ 클램프 커플링 ㉱ 올덤 커플링

69 원통롤러 베어링 N206(기본 동 정격하중 14.2kN)이 600rpm 으로 1.96kN의 베어링 하중을 받치고 있다 이 베어링의 수명은 약 몇 시간인가? (단, 베어링 수명계수 f_w는 1.5를 적용한다)

㉮ 4200 ㉯ 4800
㉰ 5300 ㉱ 5900

70 300rpm으로 2.5kW의 동력을 전달시키는 축에 발생하는 비틀림 모멘트는 약 몇 N.m 인가?

㉮ 80 ㉯ 60 ㉰ 45 ㉱ 35

71 구름베어링에서 실링(sealing) 의 주 목적으로 가장 적합한 것은 ?

㉮ 구름 베어링에 주유를 주입하는 것을 돕는다.
㉯ 구름 베어링의 발열을 방지한다.
㉰ 윤활유의 유출 방지와 유해물의 침입을 방지한다.
㉱ 축에 구름 베어링을 끼울 때 삽입을 돕는다.

72 300rpm 으로 3.1kW의 동력을 전달하고 축 재료의 허용전단응력은 20.6MPa인 중실축의 지름은 약 몇 mm 이상이어야 하는가?

㉮ 20　　㉯ 29　　㉰ 36　　㉱ 45

해 $T = 9545000\dfrac{H}{n} = \tau z_p$

73 구름베어링의 구조에서 전동체의 원둘레에 고르게 배치하여 전동체가 몰리지 않고 일정한 간격을 유지할 수 있게 하며, 서로 접촉을 피하고 마모와 소음을 방지하는 역할을 하는 것은?

㉮ 피봇　　㉯ 저널

㉰ 리테이너　　㉱ 스트레이너

74 350rpm으로 15kW의 동력을 전달시키는 축의 지름은 약 몇 mm 이상이어야 하는가? (단, 축의 허용전단응력은 25MPa이다.)

㉮ 35　　㉯ 40　　㉰ 44　　㉱ 52

75 지름이 45mm의 축이 200rpm으로 회전하고 있다. 이 축은 길이 1m에 대하여 1/4° 의 비틀림각이 발생한다고 할 때 약 몇 kW의 동력을 전달하고 있는가? (단, 축 재료의 가로 탄성계수는 84Gpa이다.)

㉮ 2.1　　㉯ 2.6　　㉰ 3.1　　㉱ 3.6

해 $\theta^{o} = \dfrac{Tl}{GIp}\dfrac{180}{\pi}$

76 420rpm으로 16.2kN의 하중을 받고 있는 엔드저널의 지름(d)과 길이(ℓ)는?

(단, 베어링 작용 압력은 $1N/mm^2$, 폭 지름비 $\ell/d=2$ 이다.)

㉮ d = 90mm,　ℓ = 180mm

㉯ d = 85mm,　ℓ = 170mm

㉰ d = 80mm,　ℓ = 160mm

㉱ d = 75mm,　ℓ = 150mm

해답	1	㉰	2	㉮	3	㉰	4	㉮	5	㉰	6	㉮	7	㉮	8	㉯	9	㉰	10	㉰
	11	㉯	12	㉮	13	㉯	14	㉰	15	㉮	16	㉱	17	㉱	18	㉮	19	㉮	20	㉰
	21	㉮	22	㉱	23	㉰	24	㉯	25	㉱	26	㉰	27	㉰	28	㉯	29	㉰	30	㉰
	31	㉮	32	㉱	33	㉮	34	㉯	35	㉯	36	㉮	37	㉮	38	㉮	39	㉮	40	㉰
	41	㉰	42	㉰	43	㉰	44	㉱	45	㉮	46	㉰	47	㉮	48	㉰	49	㉰	50	㉮
	51	㉮	52	㉱	53	㉰	54	㉮	55	㉰	56	㉯	57	㉱	58	㉰	59	㉮	60	㉯
	61	㉰	62	㉰	63	㉰	64	㉮	65	㉰	66	㉮	67	㉰	68	㉯	69	㉰	70	㉮
	71	㉰	72	㉯	73	㉰	74	㉱	75	㉰	76	㉮								

제4장 전동용 기계요소

1 다음 중 두 축의 상대위치가 평행할 때 사용되는 기어는?

㉮ 베벨 기어　　㉯ 나사기어
㉰ 웜과 웜기어　　㉱ 헬리컬 기어

2 피치원 지름이 일정한 기어에서 치의 크기가 가장 큰 기어는 어는 것인가? (단,m=모듈, P_d =지름 피치이다.)

㉮ m = 2　　㉯ P_d = 12
㉰ m = 2.5　　㉱ P_d = 10

해 $P_d = \frac{25.4}{m}$

3 스퍼 기어의 모듈이 5일 때 원주 피치(㎜)는?

㉮ 7.81　　㉯ 15.71
㉰ 20.71　　㉱ 31.41

해 $P_d = \pi \times m$

4 구조는 간단하나 복잡한 운동을 쉽게 실현할 수 있어, 내연기관의 밸브 개폐기구나 공작기계, 인쇄 기계, 자동 기계 등의 운동변환 기구에 사용되는 것은?

㉮ 마찰차　　㉯ 나사
㉰ 키　　㉱ 캠

5 모듈 2, 피치원 지름 60㎜인 스퍼 기어의 잇수는?

㉮ 30개 ㉯ 40개 ㉰ 50개 ㉱ 60개

해 $D_p = mz$

6 그림과 같은 기어 트레인에서 기어 A, B, C의 잇수를 각각 32, 15, 64라 하고 A 기어의 회전수가 1600rpm이라면 C 기어의 회전수는 약 몇 rpm인가?

㉮ 800 ㉯ 1600
㉰ 2400 ㉱ 3200

7 V-벨트 전동장치에 대한 장점을 설명한 것 중 틀린 것은?

㉮ 지름이 작은 풀리에도 사용할 수 있다.
㉯ 바로걸기 보다 엇걸기로 하여야 만 한다.
㉰ 마찰력이 평 벨트보다 크고, 미끄럼이 적어 비교적 작은 장력으로 큰 회전력을 전달할 수 있다.
㉱ 이음매가 없어 운전이 정숙하다.

8 바깥지름 $d = 104$㎜, 잇수 $z = 50$ 인 표준 스퍼 기어의 모듈은 얼마인가?

㉮ 5 ㉯ 2 ㉰ 3 ㉱ 4

해 $D_0 = m(z+2)$

9 V-벨트의 각도는 보통 몇 도인가?

㉮ 90° ㉯ 60°
㉰ 40° ㉱ 30°

10 전위기어의 사용 목적과 관계가 가장 가까운 것은?

㉮ 계산을 단순하게 하기위해
㉯ 언더컷을 피하기 위해
㉰ 교환성을 향상하기 위해
㉱ 물림률을 감소시키기 위해

11 마찰차의 응용범위에 대한 설명 중 옳지 않은 것은?

㉮ 전달하여야 될 힘이 그다지 크지 않고 정확한 속도비를 중요시 하지 않은 경우
㉯ 양축 사이를 번번하게 단속할 필요가 없는 경우
㉰ 회전속도가 커서 보통의 기어를 사용할 수 없는 경우
㉱ 무단변속을 하는 경우

12 다음 중 표준스퍼 기어에서 이의 크기가 가장 큰 것은?

(단, m: 모듈, P: 지름피치이다.)

㉮ p=10　　㉯ p=12
㉰ m=2　　㉱ m=2.5

해 $p=\frac{25.4}{m}$

13 V벨트를 평벨트와 비교한 특징이다. 틀린 것은?

㉮ 전동 효율이 좋다.
㉯ 축간거리를 더 멀리 할 수 있다.
㉰ 고속운전이 가능하다.
㉱ 정숙한 운전이 가능하다.

14 평벨트 전동장치에서 벨트의 긴장측 장력이 $500N$, 허용인장응력이 $2.5N/㎟$ 일 때, 벨트의 너비(폭) 최소 몇 ㎜ 이상이어야 하는가? (단 ,벨트의 두께는 2㎜, 이음 효율은 80%이다.)

㉮ 75　　㉯ 100
㉰ 125　　㉱ 150

해 $\sigma = \frac{P}{A\eta}$

15 바로걸기 벨트의 경우 이완측을 위쪽에 오게 하는 가장 큰 이유는?

㉮ 벨트 걸기가 쉬워진다.
㉯ 벨트가 잘 벗겨지지 않는다.
㉰ 미끄럼이 커진다.
㉱ 접촉각이 커져, 전동 효율이 좋아진다.

16 그림에서 기어 A의 잇수 $Z_A = 30$, 기어 B의 잇수 $Z_B = 20$이라 할 때 A를 고정하는 암 H를 시계방향(+)으로 2회전시킬 때 B는 약 몇 회전하는가? (단, 시계 방향을 +, 반시계방향을 -로 한다.)

㉮ +1.3　　㉯ -3
㉰ -1.3　　㉱ +3

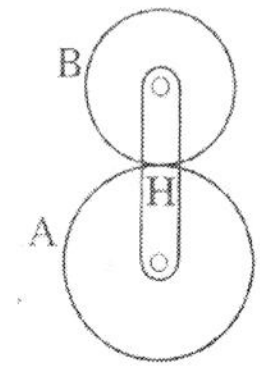

17 피치원 지름이 무한대인 기어는?

㉮ 랙(rack)기어　　㉯ 헬리컬(helical)기어
㉰ 스퍼(spur)기어　　㉱ 나사(screw) 기어

18 두 물체 사이의 거리를 일정하게 유지시키면서 결합하는데 사용하는 볼트는?

㉮ 아이볼트 ㉯ 스테이 볼트
㉰ T 볼트 ㉱ 리머 볼트

19 평벨트 풀리의 지름이 600㎜, 축의 지름이 50㎜라 하고, 풀리를 폭(b)×높이(h)=8㎜×7㎜의 묻힘키로 축에 고정하고 벨트 장력에 의해 풀리의 외주에 2kN의 힘이 작용 한다면, 키의 길이는 몇 ㎜ 이상이어야 하나? (단, 키의 허용전단응력은 50MPa로 하고, 허용전단응력만을 고려하여 계산한다.)

㉮ 50 ㉯ 60 ㉰ 70 ㉱ 80

해 $T=\frac{d}{2}p=\frac{d}{2}\tau bl$

20 기어를 사용한 동력전달의 일반적인 특징으로 거리가 먼 것은?

㉮ 큰 동력을 일정한 속도비로 전달할 수 있다.
㉯ 전동효율이 좋다.
㉰ 외부 충격에 강하다.
㉱ 소음과 진동이 발생한다.

21 미끄럼을 방지하기 위하여 접촉면에 치형을 붙여 맞물림에 의하여 전동하도록 조합한 벨트는?

㉮ 평벨트 ㉯ V벨트
㉰ 가는 너비 V벨트 ㉱ 타이밍벨트

22 전위기어의 사용목적으로 거리가 먼 것은?

㉮ 속도비를 크게 하기 위해서
㉯ 언더컷을 방지하기 위해서
㉰ 물림률을 증가시키기 위해서
㉱ 이의 강도를 증대시키기 위해서

23 다음 마찰차 중 무단(無段) 변속장치로 이용할 수 없는 것은?

㉮ 홈 마찰차　　㉯ 에반스 마찰차
㉰ 원판 마찰차　　㉱ 구면 마찰차

24 평벨트에 비해 V 벨트 전동의 특징이 아닌 것은?

㉮ 미끄럼이 적고, 속도비가 크다.
㉯ 바로걸기로만 가능하다.
㉰ 축간거리를 마음대로 할 수 있다.
㉱ 운전이 정숙하고 충격을 완화한다.

25 1200rpm으로 2KW의 동력을 전달시키려고 할 때 기어 잇수 $Z=20$, 모듈 $m=4$인 스퍼기어의 이에 걸리는 힘(피치원 접선방향 힘)은 약 몇 N인가?

㉮ 284　　㉯ 312　　㉰ 356　　㉱ 398

해 $T = 9545000\frac{H}{N} = \frac{d}{2}P$

26 로프 전동의 특징에 대한 설명으로 틀린 것은?

㉮ 전동경로가 직선이 아닌 경우에도 사용이 가능하다.
㉯ 벨트 전동과 비교하여 큰 동력을 전달하는데 불리하다.
㉰ 장거리의 동력전달이 가능하다.
㉱ 정확한 속도비의 전동이 불확실하다.

27 다음 중 동력전달장치로서 운전이 조용하고, 무단변속을 할 수 있으나 일정한 속도비를 얻기가 힘든 것은?

㉮ 마찰차　　㉯ 기어
㉰ 체인　　㉱ 플라이 휠

28 다음 중 정숙하고 원활한 운전과 고속회전이 필요할 때 적당한 체인은?

㉮ 사일런트 체인 ㉯ 코일 체인
㉰ 롤러 체인 ㉱ 블록 체인

29 외접원통 마찰차에서 원동차의 지름 200mm, 회전수 1000rpm으로 회전할 때, 2.21KW의 동력을 전달시키려면 약 몇 N의 힘으로 밀어 붙여야 하는가? (단, 마찰계수는 0.2로 한다.)

㉮ 1055.20 ㉯ 708.86
㉰ 2110.50 ㉱ 1417.72

해 $T=9545000\frac{H}{N}=\frac{D}{2}\mu P$

30 다음 중 두 축의 상대위치가 평행할 때 사용되는 기어는?

㉮ 베벨 기어 ㉯ 나사 기어
㉰ 웜과 웜기어 ㉱ 헬리컬 기어

31 기어 설계 시 전위 기어를 사용하는 이유로 거리가 먼 것은?

㉮ 중심 거리를 자유로이 변화시키려고 할 경우에 사용
㉯ 언더컷을 피하고 싶은 경우에 사용
㉰ 베어링에 작용하는 압력을 줄이고자 할 경우 사용
㉱ 기어의 강도를 개선하려고 할 경우 사용

32 구조는 간단하면서 복잡한 운동을 구현할 수 있는 기계요소로서 내연 기관의 밸브 개폐기구 등에 사용되는 것은?

㉮ 마찰차 ㉯ 클러치
㉰ 기어 ㉱ 캠

33 $4m/s$의 속도로 전동하고 있는 벨트의 긴장측의 장력이 $1.23KN$, 이완측의 장력이 $0.49KN$라고 하면, 전달하고 있는 동력은 몇 KW인가?

㉮ 1.55　　㉯ 1.86
㉰ 2.21　　㉱ 2.96

해 전달동력 = 긴장측 장력 − 이완측 장력
$P = 1.23 - 0.49 = 0.74KN$
$Kw = 0.74KN \times 4m/\sec = 2.96$

34 두 축의 중심거리 $300mm$, 속도비가 2:1로 감속되는 외접원통마찰의 원동차 (D_1)와 종동차 (D_2)의 지름은 각각 몇 mm인가?

㉮ $(D_1) = 600mm,\ (D_2) = 1200mm$
㉯ $(D_1) = 200mm,\ (D_2) = 400mm$
㉰ $(D_1) = 100mm,\ (D_2) = 200mm$
㉱ $(D_1) = 300mm,\ (D_2) = 600mm$

35 압력각이 20°인 표준 스퍼기어에서 언더컷을 방지하기 위한 이론적인 최소 잇수는 몇 개인가?

㉮ 17　　㉯ 25　　㉰ 30　　㉱ 32

36 다음 중 다른 전동방식과 비교하여 체인 전동방식의 일반적인 특징에 해당하지 않는 것은?

㉮ 미끄럼이 없는 일정한 속도비를 얻을 수 있다.
㉯ 초장력이 필요 없으므로 베어링의 마멸이 적다
㉰ 고속회전에 적당하다.
㉱ 전동 효율이 95% 이상으로 좋다.

37 직경 500mm인 마찰차가 350rpm의 회전수로 동력을 전달한다. 이때 바퀴를 밀어붙이는 힘이 1.96KN일 때 몇 KW의 동력을 전달할 수 있는가? (단, 접촉부 마찰계수는 0.35로 하고, 미끌림은 없다고 가정한다.)

㉮ 4.5 ㉯ 5.1 ㉰ 5.7 ㉱ 6.3

해 $\frac{D}{2}P = 9545000\frac{H}{N}$

38 잇수 30개 압력각 30° 의 스퍼기어에서 언더컷이 생기지 않도록 전위기어로 제작하려 한다. 언더컷이 발생하지 않도록 하기 위한 최소이론 전위량은 몇 mm인가?(단, 모듈 $m = 6$이다.)

㉮ -10mm ㉯ -12.5mm
㉰ -14mm ㉱ -16.5mm

해 전위량 $= x \cdot m$

$x \geq 1 - \frac{Zsin^2\alpha}{2}$

39 12m/s의 속도로 35.3KW의 동력을 전달하는 평벨트의 이완측 장력은 약 몇 N인가?(단, 긴장측의 장력은 이완측 장력의 3배이고, 원심력은 무시한다.)

㉮ 980N ㉯ 1471N
㉰ 196N ㉱ 2942N

해 $P = \frac{35.3 \times 1000}{12 \times 3}$

40 표준 스퍼기어에서 모듈 5, 잇수 17개, 압력각이 20° 라고 할 때, 법선피치(ρ_n)은 약 몇 mm인가?

㉮ 18.2 ㉯ 14.8
㉰ 15.6 ㉱ 12.4

해 원주피치 $= m \times \pi$

법선피치 $=$ 원주피치 $\times \cos(\alpha + \frac{\pi}{180})$

41 풀리의 지름 200mm, 회전수 1600rpm 으로 4KW의 동력을 전달할 때 벨트의 유효장력은 약 몇 N인가? (단, 원심력과 마찰은 무시한다.)

㉮ 24　　㉯ 93
㉰ 239　　㉱ 527

해 $p = 4kw \times 1000/\pi dn/60 \times 1000$

42 전동축에 큰 휨을 주어서 축의 방향을 자유롭게 바꾸거나 충격을 완화시키기 위해 사용하는 축은?

㉮ 직선 축　　㉯ 크랭크 축
㉰ 플렉시블 축　　㉱ 중공 축

43 지름이 50mm이고 길이가 100mm인 저널 베어링에서 5.9KN의 하중을 지탱하고 있을 때 저널면에 작용하는 압력은 약 몇 MPa인가?

㉮ 0.21　　㉯ 0.59
㉰ 1.18　　㉱ 1.65

해 $p = \frac{P}{dl}$

44 벨트 전동에서 긴장측의 장력 T_1과 이완측의 장력 T_2사이의 관계식으로 옳은 것은? (단, 원심력은 무시하고 μ는 접촉부 마찰계수, θ는 벨트와 풀리의 접촉각[rad]이다.)

㉮ $e^{\mu\theta} = \frac{T_2}{T_1}$　　㉯ $e^{\mu\theta} = \frac{T_1}{T_2}$

㉰ $e^{\mu\theta} = \frac{T_2}{T_1 + T_2}$　　㉱ $e^{\mu\theta} = \frac{T_1}{T_1 + T_2}$

45 평벨트 풀리의 지름이 600mm, 축의 지름이 50mm라고, key의 폭$(b)\times$높이(h)= 8$mm\times$7 mm의 묻힘키로 축에 고정하고 벨트 장력에 의해 풀리의 외주에 2KN의 힘이 작용한다면, 키의 길이는 몇 mm이상이어야 하는가? (단, 키의 허용전단응력은 50MPa로 하고, 전단 응력만을 고려하여 계산한다.)

㉮ 50　　㉯ 60　　㉰ 70　　㉱ 80

해 $T=\frac{d}{2}\tau bl$

46 롤러 체인 전동에서 체인의 파단하중이 1.96KN이고, 체인의 회전속도가 3㎧이며, 안전율(safety factor)을 10으로 할 때 전달동력은 약 몇 W 인가?

㉮ 467　　㉯ 588
㉰ 712　　㉱ 843

해 $W=\frac{1960\times 3}{10}$

47 원주 속도가 4㎧로 18.4kw의 동력을 전달하는 헬리컬기어에서 비틀림각이 30° 일 때 축 방향으로 작용하는 힘(추력)은 약 몇 kN인가?

㉮ 1.8　　㉯ 2.3
㉰ 2.7　　㉱ 4.0

해 $P_s=P\tan\beta$

48 평벨트 전동에서 두 축의 축간거리 C가 500㎜, 풀리의 지름이 각각 300㎜, 50㎜ 일 때 바로걸기 벨트의 길이 L은 약 몇 ㎜ 인가?

㉮ 1287　　㉯ 1581　　㉰ 1833　　㉱ 2042

해 $L=\frac{\pi}{2}(D_1+D_2)+2C+\frac{(D_2-D_1)^2}{4C}$

49 속도비 3:1, 모듈 3, 피니언(작은 기어)의 잇수 30인 한 쌍의 표준 스퍼 기어의 축간 거리는 몇 mm인가?

㉮ 60　　㉯ 100　　㉰ 140　　㉱ 180

해 $L=\dfrac{30\times3+30\times3\times3}{2}$

50 평 벨트 전동장치와 비교하여 V-벨트 전동장치에 대한 설명으로 옳지 않는 것은?

㉮ 접촉 면적이 넓으므로 비교적 큰 동력을 전달 한다

㉯ 장력이 커서 베어링에 걸리는 하중이 큰 편이다.

㉰ 미끄럼이 작고 속도비가 큰 편이다

㉱ 바로걸기로만 사용이 가능하다

51 미끄럼을 방지하기 위하여 접촉면에 치형을 붙여 맞물림에 의하여 전동하도록 조합한 밸트는?

㉮ 평 밸트　　㉯ V 밸트

㉰ 가는 너비 V밸트　　㉱ 타이밍 밸트

52 웜을 구동축으로 할 때 웜의 줄 수를 3 웜 휠의 잇수를 60 이라고 하면 이 웜기어 장치의 감속비율은

㉮ 1/10　　㉯ 1/20

㉰ 1/30　　㉱ 1/40

53 주철제 V벨트 풀리의 홈 각도가 36° 접촉부의 마찰계수는0.2라 할 때 유효 마찰계수 u'는?

㉮ 0.887　　㉯ 0.444

㉰ 0.188　　㉱ 0.401

해 $\mu' = \dfrac{\mu}{\sin\dfrac{\alpha}{2}+\mu\cos\dfrac{\alpha}{2}}$

54 작은 기어의 잇수가 50 비틀림각이 20^o인 헬리컬기어에서 상당 평기어의 잇수는 약 몇 개인가?

㉮ 40 ㉯ 50 ㉰ 60 ㉱ 70

해 $Z_e = \dfrac{Z_s}{\cos^3\beta}$

55 표준 스퍼기어에서 모듈 4, 잇수 21개, 압력각이 20° 라고 할 때, 법선피치(p_n)은 몇 mm인가?

㉮ 11.8 ㉯ 14.8 ㉰ 15.6 ㉱ 18.2

해 법선피치 = 원주피치 × cos(압력각 + $\dfrac{\pi}{180}$)
=기초원둘레 ÷ Z
원주피치 = 모듈 × π

56 축간거리 55cm인 평행한 두 축 사이에 회전을 전달하는 한 쌍의 스퍼기어에서 피니언이 124회전할 때, 기어를 96회전시키려면 피니언의 피치원 지름은?

㉮ 48cm ㉯ 62cm
㉰ 96cm ㉱ 124cm

해 $55 \times \dfrac{96}{124+96} = 24$(피니언 피치원의 반지름)

57 자전거의 래칫 휠에 사용되는 클러치는?

㉮ 맞물림 클러치 ㉯ 마찰 클러치
㉰ 일방향 클러치 ㉱ 원심 클러치

58 V 벨트의 사다리꼴 단면의 각도(θ)는 몇 도인가?

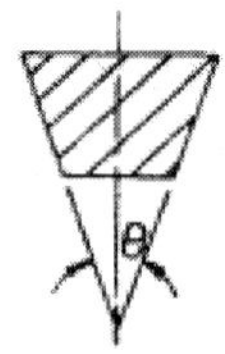

㉮ 30°　　㉯ 35°　　㉰ 40°　　㉱ 45°

59 입력축 기어(모듈은 4, 잇수는 18)는 4kW의 동력을 800rpm으로 전달한다. 이 스퍼기어의 회전력은 약 몇 N인가?

㉮ 1330　　㉯ 2660

㉰ 4320　　㉱ 5630

해 $T = 9545000\dfrac{H}{N} = \dfrac{D}{2}P$

$D = mz$

60 원주속도 5m/s로 2.2kW를 전달하는 벨트전동장치에서 긴장측 장력은 약 몇 N인가? (단, 장력비 ($e^{\mu\theta}$)=2이다.)

㉮ 450　　㉯ 660　　㉰ 750　　㉱ 880

해 $P = \dfrac{2.2 \times 1000}{5} = 440N$

이완측 : $440N$　　긴장측 : $880N$

61 다음 중 정숙하고 원활한 운전을 하고 특히 고속 운전이 필요할 때 적합한 체인은?

㉮ 사일런트 체인 (silent chain)

㉯ 코일 체인 (coil chain)

㉰ 롤러 체인 (roller chain)

㉱ 블록 체인 (block chain)

62 2.2kW 의 동력을 1800rpm으로 전달시키는 표준 스퍼기어가 있다 이 기어에 작용하는 회전력은 약 몇N인가? (단, 스퍼기어 모듈은 4이고 잇수는 25이다)

㉮ 163 ㉯ 195
㉰ 233 ㉱ 289

63 피치원 지름이 무한대인 기어는?

㉮ 래크(rack) 기어
㉯ 헬리컬(helical) 기어
㉰ 하이포이드(hypoid)기어
㉱ 나사(screw)기어

64 벨트의 접촉각을 변화 시키고 벨트의 장력을 증가시키는 역할을 하는 풀리는?

㉮ 원동 풀리 ㉯ 인장 풀리
㉰ 종동 풀리 ㉱ 원추 풀리

65 일반 산업용으로 시용되는 V벨트의 각도는 몇 ° 인가?

㉮ 40° ㉯ 42° ㉰ 44° ㉱ 46°

66 표준 스퍼 기어에서 피치원 지름(D)을 구하는 공식은? (단 m은 모듈 Z는 잇수이다)

㉮ D = mZ ㉯ D = m/Z
㉰ D = m(Z+2) ㉱ D = 2+Z/m

67 맞물린 한 쌍의 인벌류트 기어에서 피치원의 공통접선과 맞물리는 부위에 힘이 작용하는 작용선이 이루는 각도를 무엇이라고 하는가?

㉮ 중심각 ㉯ 접선각
㉰ 전위각 ㉱ 압력각

68 평벨트 전동장치와 비교하여 V-벨트전동장치에 대한 설명으로 옳지 않은 것은?

㉮ 접촉 면적이 넓으므로 비교적 큰 동력을 전달한다.

㉯ 장력이 커서 베어링에 걸리는 하중이 큰 편이다.

㉰ 미끄럼이 작고 속도비가 크다.

㉱ 바로걸기로만 사용이 가능하다.

해답																				
	1	㉱	2	㉯	3	㉯	4	㉱	5	㉮	6	㉮	7	㉯	8	㉯	9	㉰	10	㉯
	11	㉯	12	㉮	13	㉯	14	㉰	15	㉱	16	㉱	17	㉮	18	㉯	19	㉯	20	㉰
	21	㉱	22	㉮	23	㉮	24	㉰	25	㉱	26	㉯	27	㉮	28	㉮	29	㉮	30	㉱
	31	㉰	32	㉱	33	㉱	34	㉯	35	㉮	36	㉰	37	㉱	38	㉱	39	㉮	40	㉯
	41	㉰	42	㉰	43	㉰	44	㉯	45	㉯	46	㉯	47	㉰	48	㉯	49	㉱	50	㉯
	51	㉱	52	㉯	53	㉱	54	㉰	55	㉮	56	㉮	57	㉰	58	㉰	59	㉮	60	㉱
	61	㉮	62	㉰	63	㉮	64	㉯	65	㉮	66	㉮	67	㉱	68	㉯				

제 5 장 제어용 기계요소

1 중앙에 구멍이 있고 원추형 모양이며, 병렬 또는 직렬로 조합하여 가성을 쉽게 조정할 수 있으며, 프레스의 완충장치, 공작기계 등에 쓰이는 스프링은?

㉮ 토션 스프링
㉯ 판 스프링
㉰ 태엽 스프링
㉱ 접시 스프링

2 하중 3ton이 걸리는 압축코일 스프링의 변형량이 10㎜일 때 스프링 상수는 몇 kgf/mm 인가?

㉮ 300
㉯ 1/300
㉰ 100
㉱ 1/100

해 $k = \frac{p}{\delta}$

3 다음 그림과 같은 원통코일 스프링 처짐량 $\delta = 60\text{mm}$ 일 때, 작용하는 하중 W는 몇 kgf 인가? (단,스프링 상수 $K_1 = 6kgf/\text{cm}$, $K_2 = 2kgf/\text{cm}$ 이다.)

㉮ $4kgf$
㉯ $6kgf$
㉰ $9kgf$
㉱ $48kgf$

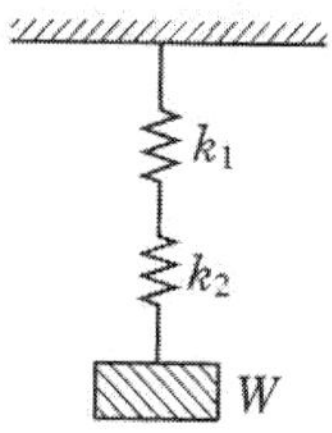

해 $\frac{1}{k} = \frac{1}{k_1} + \frac{1}{k_2}$

4 반복하중을 받는 스프링에서는 그 반복 속도가 스프링의 고유진동수에 가까워지면 심한 진동을 일으켜 스프링의 파손 원인이 된다. 이 현상을 무엇이라 하는가?

㉮ 자유높이 ㉯ 스프링 상수
㉰ 비틀림모멘트 ㉱ 서징

5 스프링의 변형에 대한 강성을 나타내는 것에 스프링 상수가 있다. 하중이 $W[kgf]$ 일 때 변위량을 δ[㎜]라 하면 스프링 상수 $k[kgf/㎜]$는?

㉮ $k=\frac{\delta}{W}$ ㉯ $k=\delta W$
㉰ $k=\frac{W}{\delta}$ ㉱ $k=W-\delta$

6 다음 그림과 같은 스프링장치에서 각 스프링의 상수 $K=40N/cm$, $K_2=60N/cm$, $K_3=60N/cm$ 이다. 하중 방향의 처짐이 150㎜일 때 작용하는 P는 약 몇 N인가?

㉮ 2250 ㉯ 964
㉰ 389 ㉱ 243

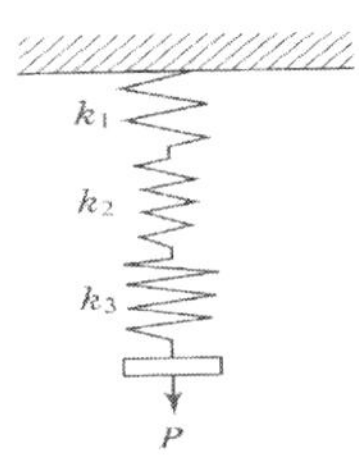

해 $\frac{1}{k}=\frac{1}{k_1}+\frac{1}{k_2}+\frac{1}{k_3}$

7 직사각형 단면의 판을 그림과 같이 축방향으로 원추형으로 감아올린 압축용 스파이럴 스프링으로 주로 오토바이의 차체 완충용에 사용되는 스프링은?

㉮ 벌류트 스프링
㉯ 원추형 코일 스프링
㉰ 판 스프링
㉱ 링 스프링

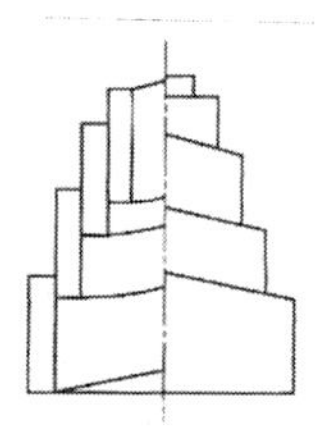

8 스프링의 변형에 대한 강성을 나타내는 것에 스프링 상수가 있다. 하중이 $W[N]$일 때 변위량을 $\delta[mm]$라 하면 스프링 상수 $k[N/mm]$는?

㉮ $k=\dfrac{\delta}{W}$ ㉯ $k=\delta W$

㉰ $k=\dfrac{W}{\delta}$ ㉱ $k=W-\delta$

9 하중 $3KN$이 걸리는 압축코일 스프링의 변형량이 $10mm$일 때 스프링 상수는 몇 N/mm인가?

㉮ 300 ㉯ 1/300

㉰ 100 ㉱ 1/100

해 $k=\dfrac{P}{\delta}$

10 동일 조건하에서 코일 스프링 처짐량을 2배로 하려면, 유효 감김수는 몇 배가 되어야 하는가? (단, 스프링 소선 지름, 코일 평균 지름, 작용하중 및 스프링의 전단탄성계수 등은 일정하다.)

㉮ 2배 ㉯ 4배 ㉰ 8배 ㉱ 16배

해 $\delta=\dfrac{8nPD^3}{Gd^4}$

11 그림과 같은 블록 브레이크에서 드럼축에 $156.96N \cdot m$의 제동토크를 발생시키기 위해 레버 끝에 $F=981N$의 힘이 필요한 경우, 레버의 길이 a는 약 몇 mm인가? (단, 블록과 드럼사이 마찰계수 $\mu=0.2$이다.)

㉮ 930 ㉯ 1050 ㉰ 1140 ㉱ 1260

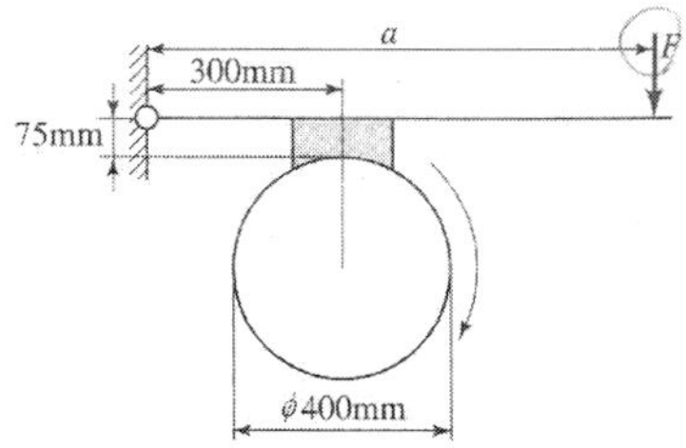

해 $T=\mu Q\dfrac{D}{2}$

$Q=\dfrac{2T}{\mu D}$ .... ①

$F=\dfrac{Q}{a}(b+\mu c)$

위 식에 ①번 식을 대입

$F=\dfrac{2T}{a\mu D}(b+\mu c)$

$a=\dfrac{2T}{FD\mu}(b+\mu c)$

$a=\dfrac{2\times 156960}{981\times 400\times 0.2}(300+0.2\times 75)=1260$

12 기계요소를 사용목적에 따라 분류할 때 완충(진동 억제) 또는 제동용 기계요소가 아닌 것은?

㉮ 브레이크　　㉯ 스프링

㉰ 베어링　　㉱ 플라이휠

13 브레이크 드럼 축에 554.27$N \cdot m$의 토크가 작용하고 있을 때, 이 축을 정지시키는데 필요한 제동력은 약 몇 N인가? (단, 브레이크 드럼의 지름은 500mm이다.)

㉮ 1108.54　　㉯ 2217.08

㉰ 252.26　　㉱ 504.52

해 $T=\dfrac{d}{2}P$

14 밴드 브레이크의 긴장측 장력 7.99KN, 두께 $2mm$, 허용인장응력 78.48MPa일 때 밴드의 폭은 약 몇 mm이상이어야 하는가? (단, 이음 효율은 100%로 한다.)

㉮ 43　　㉯ 51

㉰ 60　　㉱ 71

해 $\sigma=\dfrac{P}{A}=\dfrac{P}{tb}$,　　$b=\dfrac{P}{t\sigma}$

15 그림과 같은 스프링 장치에서 $W=150N$의 하중을 매달면 처짐은 몇 cm가 되는가? (단, 스프링 상수 $k_1=20N/cm$, $k_2=40N/cm$이다.)

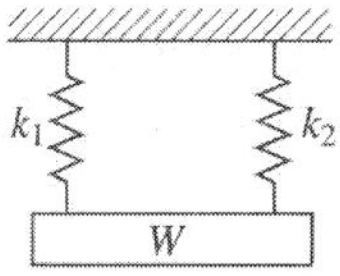

㉮ 1.25　　㉯ 2.50　　㉰ 5.68　　㉱ 11.25

16 단식 블록 브레이크에서 브레이크 드럼의 지름이 450mm, 블록을 브레이크 드럼에 밀어 붙이는 힘이 1.96KN인 경우 브레이크 드럼에 작용하는 제동 토크는 몇 $N \cdot m$인가? (단, 마찰계수는 0.2이다.)

㉮ 52.4　　㉯ 88.2

㉰ 176.4　　㉱ 441.0

해 $T=\frac{\mu DP}{2}$

17 브레이크 슈의 길이 및 폭이 각각 75mm, 28mm 이고 브레이크 슈를 미는 힘이 343N일 때 브레이크의 압력은 약 몇 MPa인가?

㉮ 0.076　　㉯ 0.124

㉰ 0.163　　㉱ 0.215

해 $p=\frac{P}{bl}$

18 다음 중 자동 하중 브레이크에 속하는 것은?

㉮ 밴드 브레이크(band brake)

㉯ 블록 브레이크(block brake)

㉰ 웜 브레이크(worm brake)

㉱ 원추 브레이크(cone brake)

19 스프링코일의 평균지름 60mm, 유효권수 10, 소재지름 6mm, 가로탄성계수(G)는 78.48GPa이고, 이 스프링에 하중 490N을 받을 때 코일 스프링의 처짐은 약 몇 mm가 되는가 ?

㉮ 6.67　　㉯ 83.2
㉰ 8.3　　㉱ 66.7

해 $\delta = \dfrac{8nPD^3}{Gd^4}$

20 드럼의 지름 500mm인 브레이크 드럼축에 98.1N • m의 토크가 작용하고 있는 블록 브레이크에서 블록을 브레이크 바퀴에 밀어 붙이는 힘은 약 몇 KN인가? (접촉부의 마찰계수는 0.2이다)

㉮ 0.54　　㉯ 0.98
㉰ 1.51　　㉱ 1.96

해 $T = \dfrac{D}{2}P\mu$

21 하중이 4KN 작용하였을 때 처짐이 100mm 발생하는 코일 스프링의 소선 지름은 20mm이다. 이 스프링의 유효 감김수는 약 몇 권인가? (단, 스프링지수(C)는 10이고, 스프링 선재의 전단탄성계수는 80GPa이다.)

㉮ 3　　㉯ 4
㉰ 5　　㉱ 6

해 $\delta = \dfrac{8nPD^3}{Gd^4}$

22 3.68kw 동력으로 회전하는 드럼을 블록 브레이크를 이용하여 제동하고자 할 때 브레이크의 용량(brake capacity)은 약 몇 $MPa\cdot m/s$인가? (단, 브레이크 블록의 길이가 100㎜, 너비 30㎜ 이고, 접촉부 마찰계수는 0.2이다.)

㉮ 0.12　　㉯ 0.25　　㉰ 0.64　　㉱ 1.23

해 $Q = \mu qv = \mu\dfrac{P}{A}(kg/mm^2 \cdot m/\sec) = \dfrac{3.68\times1000\times0.2}{100\times30}$

23 어떤 블록 브레이크 장치가 3.68㎾의 동력을 제동할 수 있다. 브레이크 블록의 길이가 80㎜, 폭이 20㎜라면 이브레이크의 용량은 약 몇 $MPa \cdot m/s$인가?

㉮ 2.3　　㉯ 4.2
㉰ 5.9　　㉱ 7.3

해 브레이크용량 $= \frac{3.68 \times 1000}{80 \times 20}$

24 스프링 종류 중 하나인 고무 스프링(rubber spring)의 일반적인 특징에 관한 설명으로 틀린 것은?

㉮ 하나의 고무로 여러 방향으로 오는 하중에 대한 방진이나 감쇠가 가능하다.
㉯ 형상을 자유롭게 선택할 수 있고, 다양한 용도로 적용이 가능하다.
㉰ 방진 및 방음 효과가 우수하다.
㉱ 저온에서의 방진 능력이 우수하여 -10℃ 이하의 저온저장고 방진장치에 주로 사용된다.

25 고무 스프링의 일반적인 특징에 관한 설명으로 틀린 것은 ?

㉮ 1개의 고무로 2축 또는 3축 방향의 하중에 대한 흡수가 가능하다
㉯ 형상을 자유롭게 할 수 있고, 다양한 용도가 가능하다
㉰ 방진 및 방음 효과가 우수하다
㉱ 특히 인장하중에 대한 방진효과가 우수하다.

26 어느 브레이크에서 제동력이 3kW이고, 브레이크 용량(brake capacity)을 $0.8N/mm^2.m/s$라고 할 때 브레이크 마찰면의 크기는 약 몇 mm^2 인가?

㉮ 3200　　㉯ 2250　　㉰ 5500　　㉱ 3750.

해 $0.8 = \frac{3 \times 1000}{x}$

27 지름 300mm인 브레이크 드럼을 가진 밴드 브레이크의 접촉 길이가 706.5mm 밴드의 폭이 20mm 일때 제동력이 3.7kW라면 이 밴드브레이크의 용량(brake capacity)은 약 몇 $N/mm^2.m/s$ 인가?

㉮ 26.50　　㉯ 0.324
㉰ 0.262　　㉱ 32.40

해 브레이크용량 $= \dfrac{3.7 \times 1000}{20 \times 706.5}$

28 인장 및 압축의 선형 스프링에서 스프링에 작용하는 힘을 P 마찰계수 u 비틀림 각 θ 변위량을 δ 라 할 때 스프링 상수 k를 구하는 식은?

㉮ $k = up\delta$　　㉯ $k = \dfrac{\delta}{p}$　　㉰ $k = \dfrac{p}{\delta}$　　㉱ $k = u\theta\delta$

29 림과 같은 블록 브레이크에서드럼축이 우회전할 때의 F를 F1 좌회전할 때의 F를 F2라고 할 때 F1/F2의 값은 얼마인가?

㉮ 1　　㉯ 1.5　　㉰ 2　　㉱ 2.5

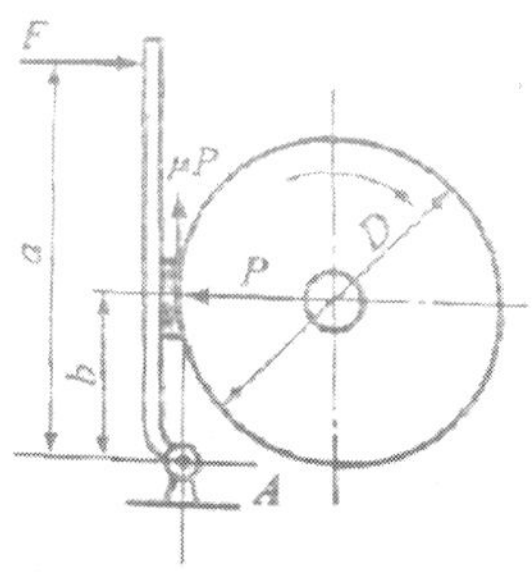

30 코일 스프링에서 유효 감김수를 2배로 하면 같은 축 하중에 대하여 처짐량은 몇 배가 되는가?

㉮ 0.5　　㉯ 2　　㉰ 4　　㉱ 8

31 다음 중 브레이크 용량을 표시하는 식으로 옳은 것은? (단 μ는 마찰계수, p늠 브레이크 압력, ν는 브레이크 륜의 주속이다.)

㉮ $Q=\mu p v$
㉯ $Q=\mu p v^2$
㉰ $Q=\frac{\mu p}{v}$
㉱ $Q=\frac{\mu}{p v}$

32 스프링의 자유높이 H와 코일의 평균지름 D의 비를 무엇이라 하는가?

㉮ 스프링 지수
㉯ 스프링 변위량
㉰ 스프링 상수
㉱ 스프링 종횡비

33 다음 중 자동하중 브레이크에 속하지 않는 것은?

㉮ 나사 브레이크
㉯ 웜 브레이크
㉰ 폴 브레이크
㉱ 원심 브레이크

34 밴드 브레이크에서 밴드에 생기는 인장력과 관련하여 다음 중 옳은 관계식은? (단 σ : 밴드에 생기는 인장력, F_1 : 밴드 인장 측 장력, t : 밴드두께, b : 밴드의 너비 이다)

㉮ $\sigma=\frac{b}{F_1\times t}$
㉯ $b=\frac{t\times\sigma}{F_1}$
㉰ $b=\frac{F_1}{t\times\sigma}$
㉱ $\sigma=\frac{F_1\times t}{b}$

35 판 스프링(leaf spring)의 특징에 관한 설명으로 거리가 먼 것은?

㉮ 판 사이의 마찰에 의해 진동을 감쇠한다.
㉯ 내구성이 좋고, 유지보수가 용이하다
㉰ 트럭 및 철도 차량의 현가장치로 주로 이용된다.
㉱ 판 사이의 마찰작용으로 인해 미소 진동의 흡수에 유리하다

36 다음 중 제동용 기계요소에 해당하는 것은?

㉮ 웜　　㉯ 코터
㉰ 래칫 휠　　㉱ 스플라인

37 하중이 2.5kN 작용하였을 때 처짐이 100mm 발생하는 코일 스프링의 소선 지름은 10mm 이다 이 스프링의 유효 감김수는 약 몇 권인가? (단 스프링 지수(C) 는 10 이고 스프링 선재의 전단 탄성계수는 80GPa 이다.)

㉮ 3　　㉯ 4　　㉰ 5　　㉱ 6

해 $\delta = \frac{8nPD^3}{Gd^4}$ $n = \frac{\delta G d^4}{8PD^3} = \frac{100 \times 8 \times 10^4 \times 10^4}{8 \times 2500 \times 100^3} = 4$

38 블록 브레이크의 드럼이 20m/s의 속도로 회전하는데 블록을 500N의 힘으로 가압할 경우 제동 동력은 약 몇 kW인가? (단, 접촉부 마찰계수는 0.3이다)

㉮ 1.0　　㉯ 1.7　　㉰ 2.3　　㉱ 3.0

39 스프링 종류 중 하나인 고무 스프링(rubber spring)의 일반적인 특징에 관한 설명으로 틀린 것은?

㉮ 여러 방향으로 오는 하중에 대한 방진이나 감쇠가 하나의 고무로 가능하다
㉯ 형상을 자유롭게 선택할 수 있고, 다양한 용도로 작용이 가능하다.
㉰ 방진 및 방음 효과가 우수하다.
㉱ 저온에서의 방진 능력이 우수하여 -10C 이하의 저온저장고 방진장치에 주로 사용된다.

40 블록 브레이크에서 브레이크 용량을 결정하는 요소로 거리가 먼 것은?

㉮ 접촉부 마찰계수　　㉯ 브레이크 압력
㉰ 드럼의 원주 속도　　㉱ 드럼의 중량

41 스프링에 150N의 하중을 가했을 때 발생하는 최대전단응력이 400MPa이었다. 스프링 지수(C)는 10이라고 할 때 스프링 소선의 지름은 약 몇 mm 인가? (단,응력수정계수$K = \dfrac{4C-1}{4C-4} + \dfrac{0.615}{C}$를 적용한다.)

㉮ 3.3　　㉯ 4.8　　㉰ 7.5　　㉱ 12.6

해 $\tau = K\dfrac{8DW}{\pi d^3}$

42 어느 브레이크에서 제동력이 3kW이고, 브레이크 용량(brake capacity)을 0.8N/mm² • m/s라고 할 때, 브레이크 마찰면적의 크기는 약 몇 mm² 인가?

㉮ 3200　　㉯ 2250　　㉰ 5500　　㉱ 3750

해답																				
	1	㉱	2	㉮	3	㉰	4	㉱	5	㉰	6	㉱	7	㉮	8	㉰	9	㉮	10	㉮
	11	㉱	12	㉰	13	㉯	14	㉯	15	㉯	16	㉯	17	㉰	18	㉰	19	㉯	20	㉱
	21	㉰	22	㉯	23	㉮	24	㉱	25	㉱	26	㉱	27	㉰	28	㉰	29	㉮	30	㉯
	31	㉮	32	㉱	33	㉰	34	㉰	35	㉱	36	㉰	37	㉯	38	㉱	39	㉱	40	㉱
	41	㉮	42	㉱																

제 6 장 관(Pipe) 관계 기계요소

1 유체의 역류를 방지하여 한 방향으로 흘러가게 하는 밸브는?

㉮ 스톱 밸브.　　㉯ 슬루스 밸브.
㉰ 체크 밸브,　　㉱ 안전 밸브.

2 역류를 방지하여 유체를 한쪽 방향으로만 흘러가게 하는 밸브를 무슨 밸브라 하는가?

㉮ 콕 밸브　　㉯ 체크 밸브
㉰ 게이트 밸브　　㉱ 플랩 밸브

3 수압이 2.75MPa이고, 허용인장강도가 49.05MPa이며, 이음 효율이 70%인 강관의 바깥지름은 몇 mm이상이어야 하는가? (단, 부식 여유는 1mm이고, 강관의 안지름은 580mm이다.)

㉮ 582　　㉯ 629
㉰ 604　　㉱ 675

해 $\sigma = \frac{PD}{2t\eta} + 1$

$t = \frac{PD}{2\sigma\eta} + 1 = 24.2$

$D_o = D_i + 2t$

4 관이음에서 방향을 바꾸는 경우 사용하는 관 이음쇠는?

㉮ 소켓　　㉯ 니플　　㉰ 엘보　　㉱ 유니언

5 안지름 254mm의 관에 $120l/s$의 양으로 물이 흐를 때 평균 유속은 얼마나 되는가?

㉮ 0.98m/s ㉯ 1.36m/s

㉰ 1.88m/s ㉱ 2.36m/s

해 $Q = Av = \frac{\pi d^2}{4}v$

$\therefore v = \frac{Q}{A} = \frac{Q}{\frac{\pi d^2}{4}}$

6 내압을 $p(kgf/cm^2)$, 파이프 안지름을 $D(mm)$, 두께를 $t(mm)$라 할 때에 이 파이프의 후프응력(hoop stress)은 다음 중 어느 것인가?

㉮ $\sigma = \frac{Dp}{200t}$ ㉯ $\sigma = \frac{\pi Dp}{200t}$

㉰ $\sigma = \frac{Dp}{400t}$ ㉱ $\sigma = \frac{\pi Dp}{400t}$

7 게이트 밸브라고도 부르며 밸브관이 유체의 흐름에 직각으로 작용하고 있는 밸브는?

㉮ 체크밸브 ㉯ 감압밸브

㉰ 슬루스 밸브 ㉱ 스톱밸브

8 다음 앵글 밸브(angle valve)의 기능에 대한 설명 중 틀린 것은?

㉮ 앵글 밸브의 기능

㉯ 유체의 방향전환

㉰ 유체의 흐름의 단속

㉱ 유체의 에너지 유지

9 배관용 주철관의 호칭은 다음 중에서 어떤 것으로 나타내는가?

㉮ 관의 내경 ㉯ 관의 외경

㉰ 관의 유효경 ㉱ 관의 이음경

10 콕은 유체를 직선상으로 흐르게 한다. 몇 회전 시키면 밸브가 완전히 열렸다 닫혔다 하는가?

㉮ 1/2회전 ㉯ 1/3회전

㉰ 1/4회전 ㉱ 1회전

해답	1	㉰	2	㉯	3	㉯	4	㉰	5	㉱	6	㉮	7	㉰	8	㉮	9	㉮	10	㉰

저자와의
협의에 의해
인지 생략

기계요소이론

1판 1쇄 2017년 9월 11일

저 자 문두수, 전형운
발행인 송광헌
발행처 복두출판사
주 소 서울특별시 영등포구 경인로 82길 3-4
센터플러스 807호
(우) 07371
전 화 02-2164-2580
FAX 02-2164-2584
등 록 1993. 11. 22. 제 10-902 호

정가 : 15,000원

ISBN : 979-11-5906-304-6 93550

한국과학기술출판협회 회원사